Tasty Food
食在好吃

美味蔬菜的
360种做法

甘智荣 主编

江苏凤凰科学技术出版社

图书在版编目（CIP）数据

美味蔬菜的 360 种做法 / 甘智荣主编 . —— 南京 : 江苏凤凰科学技术出版社 , 2015.10（2020.3 重印）

（食在好吃系列）

ISBN 978-7-5537-4484-1

Ⅰ . ①美… Ⅱ . ①甘… Ⅲ . ①蔬菜 – 菜谱 Ⅳ . ① TS972.123

中国版本图书馆 CIP 数据核字 (2015) 第 091488 号

美味蔬菜的360种做法

主　　　编	甘智荣	
责 任 编 辑	葛　昀	
责 任 监 制	方　晨	

出 版 发 行	江苏凤凰科学技术出版社	
出版社地址	南京市湖南路 1 号 A 楼，邮编：210009	
出版社网址	http://www.pspress.cn	
印　　　刷	天津旭丰源印刷有限公司	

开　　　本	718mm×1000mm　1/16	
印　　　张	10	
插　　　页	4	
字　　　数	250 000	
版　　　次	2015年10月第1版	
印　　　次	2020年3月第3次印刷	

标 准 书 号	ISBN 978-7-5537-4484-1	
定　　　价	29.80元	

　　蔬菜作为日常生活中最常吃的食材，不仅对身体有益，而且口感清爽，更重要的是吃再多也不必担心发胖。蔬菜在菜色、口感、味道、营养上并不逊色于肉类，但却极易因为做得过于清淡而让人提不起食欲，更会因为烹饪方式过少而让人产生厌倦。

　　难道真的没有既美味又可以吃饱并且口感很好的蔬菜料理吗？本书为你全面解答这些问题。全书精心挑选360道营养可口的蔬菜菜例，无论是鲜爽脆嫩的凉拌蔬菜、油亮下饭的热饭蔬菜，还是清香嫩滑的蒸煮蔬菜，都能让人食欲大增、胃口大开。全书按食材分为叶菜类、菜花类、块根类、瓜果类等6大部分，涵盖拌、炒、烧、蒸等蔬菜的多元化烹饪方式，甜、辣、酸、爽，各种诱人的蔬菜滋味尽在其中。一书在手，就可以让蔬菜的做法从此不再千篇一律，让您和家人天天都尝鲜。

目录
CONTENTS

蔬菜保存、加工、烹饪技巧

菜花类

叶菜类

瓜果类

野菜类

豆类

块根类

蔬菜保存、加工、烹饪技巧

凋萎蔬菜返鲜法

1.往水中倒入一些醋。

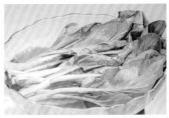

2.将蔬菜浸泡于稀释的醋水里。

3.醋的酸性环境，可以抑制果胶物质的水解，可以使蔬菜形态饱满挺实，质地脆嫩。

清除蔬菜残留农药的方法

方法1：淘米水呈碱性，有解毒作用，将蔬菜放在淘米水中泡5~10分钟，再用清水洗净。

方法2：先在水中放点碱粉，搅拌后放入蔬菜，浸泡一会儿后用流动的清水冲洗3~5分钟。

方法3：有的瓜果蔬菜表面有层蜡质，易吸收农药，所以对能去皮的蔬菜可先削皮，再用清水洗净。

芹菜保鲜法

1.将新鲜、整齐的芹菜捆好。

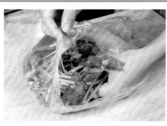

2.用保鲜袋或保鲜膜将茎叶部分包严。

3.将芹菜根部朝下竖放在清水盆中。

炒青菜脆嫩法

1.将青菜洗净切好后，撒上少量食盐拌和，稍腌几分钟。

2.沥干水分。

3.下锅烹炒。这样炒出来的青菜脆嫩清鲜。

怎样去除包菜的异味

1.取包菜和甜面酱。

2.炒包菜时，以甜面酱代替酱油，这样包菜就没有异味了。

3.如果在烹调时配上葱或韭菜，味道会更加清香可口。

怎样防止白萝卜糠心

1.将买来的表皮较完好的萝卜晾至表皮阴干。

2.装进不透气的塑料袋里。

3.扎紧口袋密封，置于阴凉处储存，这样就算2个月后食用也不会糠心。

11

汤太咸怎么补救

1.做汤时盐放多了怎么办?

2.取一小布袋,装少许面粉,将小布袋放入汤中煮,这样咸味很快就会被吸收进去,汤自然就变淡了。

3.把一个洗净去皮的生土豆,放入汤内煮5分钟,也能使汤变淡。

妙炒茄子

方法1:炒茄子时,滴几滴醋,茄子便不会变黑。

方法2:炒茄子时,滴入几滴柠檬汁,可使茄子肉色变白。

用以上两种方法炒出来的茄子既好看,又好吃。

烹调美味西蓝花

1.将西蓝花掰成小朵。

2.在做之前,将其放在盐水中浸泡几分钟。

3.在盐水中滴入几滴花生油,可保持其鲜丽色泽。吃时要多嚼几次,才更有利于营养的吸收。

如何炒丝瓜不变色

1.刮去丝瓜外面的老皮，洗净。

2.将丝瓜切成小块。

3.烹调时滴入少许白醋，这样就可保持丝瓜的青绿色泽和清淡口味了。

巧去苦瓜苦味

1.把苦瓜切成片。

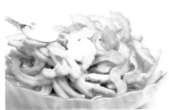

2.用盐稍腌片刻。

3.再用冷水清洗，这样可有效去除苦瓜的苦味。

使玉米水嫩鲜美的诀窍

1.玉米去皮后洗干净。

2.锅中加入冷水，把玉米放入锅中，水开后再煮5分钟，煮熟后不要马上捞出。

3.把冰块放入盆中，将玉米捞出放入冰水里浸泡1分钟后捞出，这样就可以保持玉米的水嫩新鲜。

贮存土豆的窍门

1.将土豆放在旧纸箱中。

2.在纸箱中同时放入几个未成熟的苹果，苹果释放的乙烯气体可使土豆长期保鲜。

3.封好纸箱即可。

土豆丝变脆的妙招

1.先将土豆去皮切成细丝。

2.放在冷水中浸泡1小时。

3.捞出土豆丝沥干水，再放入锅中爆炒，加适量调味料，起锅装盘。这样炒出来的土豆丝清脆爽口。

贮存番茄的窍门

1.将表皮无损的五六成熟的番茄装入塑料袋中。

2.扎紧袋口，放置在阴凉通风处。

3.每天打开袋口5分钟，擦去塑料袋内壁上的水汽，再扎紧袋口。用此法可将番茄贮存1个月以上。

巧切洋葱

1.切洋葱时，其气味容易使人流眼泪。

2.可先把洋葱切成两半，放入水中浸泡一会。

3.再拿出来切，就不会使人流眼泪了。

切开的洋葱巧保鲜

1.将洋葱对半切开。

2.将切开的洋葱放在盘中，切开的部位贴着盘底。

3.再罩上一个玻璃杯即可。

半个冬瓜巧保存

1.取出切开的半个冬瓜。

2.取一张与剖切面差不多大小的干净白纸或保鲜膜贴在上面，用手抹紧。

3.将贴好纸或保鲜膜的冬瓜放置好。这样能够使之保存4天左右也不变烂。

01

菜花类

菜花类食物含有丰富的营养成分，经常食用可以起到给肝脏解毒、净化血管的作用。本章为您精选了日常生活中常见的菜花类食材——菜花、西蓝花、黄花菜，介绍了其营养功效、选购方法、保存方法、搭配宜忌等知识，以及其不同的制作方法，希望爱烹饪的您能喜欢。

素熘菜花

材料

菜花300克，青蒜30克

调味料

老抽、白糖、食盐、白醋、味精、香油、花生油、水淀粉各适量

制作方法

❶ 菜花洗净，切成小块；青蒜洗净，切成段。

❷ 锅中盛水烧沸，将切成块的菜花放入沸水中烫约2分钟，捞出沥干水分。

❸ 锅中放入适量花生油烧热，放入青蒜、菜花略炒，再加少量水烧沸，最后调入除花生油、水淀粉、香油之外的调味料，用水淀粉勾芡，淋入香油即可。

珊瑚菜花

材料

菜花300克，青柿子椒1个

调味料

香油5毫升，白糖40克，白醋15毫升，食盐少许

制作方法

❶ 将菜花洗净，切成小块；青椒去蒂和籽，洗净后切成小块。

❷ 将青椒和菜花放入沸水锅内烫熟，捞出，用凉水过凉，沥干水分，放入盘内。

❸ 在菜花、青椒内加入食盐、白糖、白醋、香油，一起拌匀即成。

萝卜炒菜花

材料

菜花350克，胡萝卜、白萝卜、莴笋各40克

调味料

食盐2克，味精1克，花生油适量

制作方法

❶ 胡萝卜、白萝卜、莴笋去皮，洗净，切成块；菜花洗净，切成小块。

❷ 将上述食材全部焯水处理。

❸ 锅内加入花生油烧热，倒入胡萝卜块、白萝卜块、莴笋块、菜花，加入食盐、味精一起翻炒至断生即可。

菜花炒肉片

材料

菜花200克，猪瘦肉50克

调味料

食盐5克，味精3克，姜10克，干红辣椒15克，葱5克，花生油适量

制作方法

❶ 菜花洗净，切成小块；猪瘦肉洗净，切片；干红辣椒切段；姜去皮，切片；葱切圈。

❷ 锅上火，加入花生油烧热，下入干红辣椒炒香，再加入肉片、菜花、姜片、葱花炒匀，再加少量清水，盖上盖稍焖，最后加食盐、味精调味即可。

辣炒西蓝花

材料

西蓝花500克

调味料

干红辣椒2个，花椒10粒，食盐、花生油、味精各适量

制作方法

❶ 西蓝花切成小朵，洗净，放入沸水中烫一下，马上捞出，沥干水分待用；干红辣椒去蒂、去籽，切成段。

❷ 锅中放少量花生油烧热，先放入花椒粒炸香，然后铲出花椒粒不要，趁油热时放入干红辣椒段爆香，待其刚变颜色时投入西蓝花快速翻炒，再加入食盐、味精调味即成。

菜花炒番茄

材料

菜花250克，番茄200克

调味料

香菜10克，花生油、食盐、鸡精各适量

制作方法

❶ 菜花去除根部，切成小朵，用清水洗净，焯水，捞出沥干水待用；香菜洗净，切小段；番茄洗净，切小丁。

❷ 锅中加油烧至六成热。放入菜花和番茄丁，再调入盐、鸡精翻炒均匀，盛盘，撒上香菜段即可。

西蓝花拌红豆

材料

红豆40克，西蓝花25克，洋葱10克

调味料

橄榄油3毫升，柠檬汁适量

制作方法

❶ 洋葱剥皮，洗净，切丁；红豆泡水，洗净备用。

❷ 西蓝花洗净，切小朵，放入沸水中焯烫至熟，捞起；红豆放入沸水中烫熟备用。

❸ 用橄榄油、柠檬汁调成酱汁。

❹ 将洋葱、西蓝花、红豆、酱汁混合拌匀即可。

番茄炒西蓝花

材料

西蓝花300克，番茄100克

调味料

红油20毫升，香油10毫升，食盐、味精各5克，花生油适量

制作方法

❶ 西蓝花、番茄均洗净，切块。

❷ 锅中加水烧沸，下入西蓝花焯至熟后，捞出沥水。

❸ 锅烧热加油，放进西蓝花和番茄滑炒，炒至将熟时，下红油、盐、味精，炒匀，浇上香油即可。

菜花烧豇豆

材料

菜花300克，豇豆段200克

调味料

食盐、花生油、味精、料酒各适量

制作方法

❶ 将菜花洗净，改刀成块。

❷ 将菜花和豇豆分别焯水，沥干待用。

❸ 油锅上火，放入豇豆和菜花煸炒，调入食盐、味精、料酒和清水，烧至入味即成。

香菇烧菜花

材料

香菇50克，菜花100克

调味料

鸡汤200毫升，食盐、味精、姜、葱、水淀粉、花生油、鸡油各适量

制作方法

❶ 将菜花洗净，掰成小块；香菇洗净，切成丝。

❷ 锅中加水烧开，放入菜花焯至熟透后捞出。

❸ 将油烧热后放入葱、姜煸出香味，放入食盐、味精、鸡汤，烧开后将香菇、水分别倒入锅内，用微火烧至入味后，以淀粉勾芡，淋入鸡油，翻匀即可。

泡西蓝花

材料

西蓝花1000克

调味料

食盐100克，姜15克，蒜瓣30克，干红辣椒100克，白醋50毫升

制作方法

❶ 西蓝花洗净，切朵；蒜去皮，洗净；姜洗净，切块；干红辣椒洗净备用。

❷ 将冷开水倒入坛中，放入食盐搅拌均匀，再加入干红辣椒、姜块、蒜瓣、白醋制成泡菜水。

❸ 将洗净的西蓝花放入坛中，密封，腌制3天即可食用。

肉丝烧菜花

材料

猪瘦肉150克，菜花250克

调味料

花生油、葱丝、老抽、料酒、姜丝、鸡汤、食盐各适量

制作方法

❶ 猪瘦肉洗净，切丝待用。

❷ 菜花洗净，切成小块，放入沸水中焯一下，捞出沥干水分备用。

❸ 炒锅上火入油，置于火上烧热，先放入葱丝、姜丝炝锅，烹入料酒、老抽，再加入猪肉丝滑散，炒至变色时，放入菜花略炒，最后放入食盐、鸡汤，待菜花烧熟装盘即可。

蔬菜园地

材料

西蓝花、菜花各150克，草菇、荷兰豆、洋葱片、番茄各80克

调味料

花生油、白糖、蚝油、蒜末、鱼露各适量

制作方法

❶ 把西蓝花、菜花、番茄、草菇分别洗净，切成小块备用；荷兰豆洗净，去蒂及两侧粗纤维备用。

❷ 锅中加入花生油烧热，爆香蒜末，放入西蓝花、菜花、草菇、洋葱片、番茄和水，炒至熟。

❸ 放入荷兰豆，快速拌炒数下，再加入白糖、蚝油、鱼露拌匀调味，出锅装盘即可。

番茄酱炒菜花

材料

菜花300克

调味料

食盐3克，红椒3克，葱5克，花生油、番茄酱各适量

制作方法

① 菜花洗净，切块；红椒去蒂，洗净，切圈；葱洗净，切段。

② 净锅入水烧开，放入菜花焯烫片刻，捞出沥干水分备用。

③ 锅内倒入适量花生油烧热，放入菜花炒至八成熟，淋入番茄酱炒匀，加入食盐，熟后装盘。

④ 将葱段放入红椒圈内，点缀在菜花上即可。

泡椒炒西蓝花

材料

西蓝花300克，泡椒、西芹各100克，牛鞭200克

调味料

食盐3克，鸡精2克，花生油、料酒、白醋各适量

制作方法

① 西蓝花洗净，掰成小朵；西芹洗净，切段；牛鞭洗净，切花刀，用料酒腌渍片刻。

② 净锅中入水烧开，加入食盐，放入西蓝花焯熟，捞出沥干摆盘。

③ 锅中加入花生油烧热，放入牛鞭炒片刻后再放入西芹、泡椒一起炒，最后加入食盐、鸡精、白醋、料酒调味，炒熟盛入盘中即可。

香菇扒西蓝花

材料

西蓝花300克，香菇200克，胡萝卜100克

调味料

食盐3克，鸡精2克，老抽、花生油、白醋、水淀粉各适量

制作方法

1. 西蓝花洗净，掰成小朵；香菇洗净，切片；胡萝卜洗净，切片。
2. 锅中入水烧开，放入西蓝花焯熟后，捞出沥干摆盘。
3. 锅中倒入适量花生油烧热，放入香菇、胡萝卜翻炒片刻，加入食盐、鸡精、老抽、白醋炒匀，待熟时，用水淀粉勾芡，盛在西蓝花上即可。

海蜇拌黄花菜

材料

海蜇200克，黄花菜100克，黄瓜50克，红椒适量

调味料

食盐3克，味精1克，白醋8毫升，生抽10毫升，香油15毫升

制作方法

1. 黄花菜洗净；海蜇洗净；红椒洗净，切丝；黄瓜洗净，切片。
2. 锅内注水烧沸，分别放入海蜇、黄花菜，焯熟后捞出沥干放凉并装入碗中，再放入红椒丝。
3. 在碗中加入食盐、味精、白醋、生抽、香油拌匀，倒入盘中，再摆上黄瓜片即可。

罗汉斋

材料

胡萝卜10克，黄瓜50克，西蓝花100克，蜜豆100克，木耳5克，百合50克

调味料

蒜蓉10克，食盐3克，鸡精2克，花生油适量

制作方法

1. 将胡萝卜、黄瓜洗净切片；西蓝花、木耳、百合洗净撕成小朵；蜜豆洗净备用。
2. 锅中加水、适量食盐及鸡精烧沸，放入备好的材料焯烫，捞出。
3. 净锅入油烧至四成热，放进蒜蓉炒香，再倒入焯过的原材料翻炒，最后调入剩余食盐、鸡精炒匀至香即可。

西蓝花炒百合

材料

西蓝花300克，胡萝卜20克，百合20克

调味料

蒜蓉5克，食盐3克，白糖2克，鸡精2克，水淀粉、花生油、胡椒粉各适量

制作方法

1. 百合洗净；胡萝卜去皮洗净，切片；西蓝花去根托，洗净切朵。
2. 净锅上火，放入清水，调入白糖，大火烧沸后，放入备好的原材料，焯后捞出沥干。
3. 锅内倒入花生油烧热，爆香蒜蓉，倒入焯过的原材料，再调入食盐、鸡精、胡椒粉炒匀，最后以水淀粉勾芡即可。

凉拌西蓝花

材料

西蓝花400克

调味料

食盐3克，蒜5克，花生油、香油各适量

制作方法

❶ 西蓝花洗净，切块；蒜去皮洗净，剁蓉。

❷ 锅内入水烧开，放入西蓝花，焯熟后盛入盘中。

❸ 锅内倒入花生油烧热，放入蒜蓉爆香后，盛起放在西蓝花上，再加入食盐、香油一起拌匀即可。

清炒西蓝花

材料

西蓝花500克，辣白菜适量

调味料

香油10毫升，食盐5克，味精5克，花生油适量

制作方法

❶ 西蓝花洗净，切成小块备用。

❷ 锅中加入适量清水烧沸，放入西蓝花焯至变色后，捞出沥干水分。

❸ 锅烧热，加入花生油，放入西蓝花滑炒，炒至将熟时放入食盐、味精炒匀，淋上香油，再撒上辣白菜即可。

白灼西蓝花

材料

西蓝花300克，红椒适量

调味料

食盐、葱白、红油各适量

制作方法

❶ 西蓝花洗净，用手掰成小朵；葱白洗净，切丝；红椒去蒂洗净，切丝。

❷ 锅内入水烧开，加入食盐，放入西蓝花焯熟，捞出盛入装红油的碗中，再将葱白丝、红椒丝点缀在西蓝花上即可。

泡菜花

材料

菜花1000克，干红辣椒30克

调味料

老盐水1000毫升，红糖20克，白酒20毫升，食盐30克，醪糟汁15毫升，香料包1个

制作方法

① 将菜花洗净，用刀切成小朵。

② 锅中注入清水烧开，放入菜花焯熟，捞出，迅速摊开晾干。

③ 将老盐水、红糖、白酒、食盐、醪糟汁调匀装入坛内，放入菜花及香料包，盖上坛盖，密封，泡5天即成。

盐水西蓝花

材料

西蓝花500克，番茄50克

调味料

蒜蓉10克，姜末10克，食盐5克，鸡精2克，白醋20毫升，香油5毫升

制作方法

① 西蓝花洗净，切朵；番茄洗净，切片；蒜去皮，剁蓉；姜洗净，去皮，切末。

② 净锅上火，注入适量清水，水沸后放入切好的西蓝花，焯水后沥干水分。

③ 将焯好的西蓝花放入碗中，调入姜末、蒜蓉、食盐、鸡精、白醋、香油，搅拌均匀，腌制5分钟，摆盘，用番茄作装饰即可。

西蓝花豆腐鱼块煲

材料

豆腐200克，西蓝花125克，草鱼肉75克，红椒5克

调味料

花生油10毫升，食盐4克，葱段、姜片各3克

制作方法

❶ 豆腐洗净，切块；西蓝花洗净，掰块；红椒洗净切丁；鱼肉洗净，斩块备用。

❷ 煲锅上火，倒入花生油，将葱、姜炒香，再放入鱼肉煎炒，最后倒入水，调入食盐，放入西蓝花、豆腐、红椒丁煲至熟即可。

素炒西蓝花

材料

西蓝花400克，红椒5克

调味料

食盐3克，鸡精2克，花生油适量

制作方法

❶ 西蓝花洗净，掰成小朵，沥干水分；红椒洗净切块。

❷ 炒锅内注入适量花生油，烧热，放入西蓝花、红椒块滑炒至七成熟后，加入少许清水略焖。

❸ 调入食盐和鸡精调味，起锅装盘即可。

西蓝花炒冬笋

材料

西蓝花250克，冬笋200克

调味料

食盐3克，味精2克，花生油适量

制作方法

❶ 西蓝花洗净后，掰成小朵；冬笋洗净，切成块。

❷ 锅中加入清水烧开，放入冬笋块焯去异味后，捞出。

❸ 净锅置于火上，放入花生油烧热，放入冬笋、西蓝花、食盐、味精，炒至入味即可。

红椒炒西蓝花

材料

西蓝花300克，红椒10克

调味料

食盐3克，鸡精2克，花生油、白醋各适量

制作方法

❶ 西蓝花洗净，掰成小朵；红椒去蒂洗净，切圈。

❷ 净锅入水烧开，放入西蓝花焯烫片刻，捞出沥干备用。

❸ 净锅倒入花生油烧热，放入红椒爆香后倒入西蓝花一起炒，加入食盐、鸡精、白醋调味，炒熟后装盘即可。

素拌西蓝花

材料

西蓝花60克，胡萝卜15克，香菇15克

调味料

食盐少许

制作方法

❶ 西蓝花洗净，切朵；胡萝卜洗净，切片；香菇洗净，切片。

❷ 锅中加适量水，烧开后，先把胡萝卜片放入锅中烧煮至熟，再把西蓝花和香菇放入开水中煲烫。

❸ 加入食盐拌匀捞出即可。

清炒菜花

材料

菜花500克，红椒适量

调味料

姜丝、葱丝各10克，老抽、料酒各5毫升，白糖、食盐、味精、水淀粉、花生油各适量

制作方法

❶ 红椒洗净切丝；菜花洗净，掰成小块，加入沸水锅中略焯，捞出沥干水分备用。

❷ 锅内加油烧热，放入葱丝、姜丝炝锅，加几滴老抽爆香后放入菜花、红椒丝翻炒均匀。

❸ 加入食盐、味精、白糖、料酒调味，以小火煮出汤后焖一会儿，最后勾薄芡即可。

凉拌黄花菜

材料

干黄花菜100克

调味料

食盐3克，红油3毫升，葱3克

制作方法

❶ 将干黄花菜放入水中，仔细清洗后捞出；葱洗净，切葱花。

❷ 锅内加水烧沸，放入黄花菜稍焯后，装入碗中。

❸ 在黄花菜内加入食盐、红油一起拌匀，撒上葱花即可。

瓦片菜花

材料

菜花500克，红辣椒适量

调味料

葱20克，食盐、味精各5克，老抽20毫升，花生油适量

制作方法

❶ 菜花洗净，切块，焯水后沥干备用。

❷ 葱洗净，切成葱花；红辣椒洗净，切粒。

❸ 锅烧热，倒入花生油，加入红辣椒和葱花爆香，然后放入菜花翻炒至熟，最后放入老抽、食盐、味精炒匀，装在烧热的瓦片上即可。

蚝油西蓝花

材料

西蓝花400克

调味料

食盐3克，蚝油、老抽、白醋各适量

制作方法

❶ 西蓝花洗净，切朵备用。

❷ 将切好的西蓝花摆于盘中，加入食盐、蚝油、老抽、白醋调好味，入蒸锅蒸熟后取出即可。

鲜虾煲西蓝花

材料

鲜虾200克，西蓝花125克，水发粉丝20克

调味料

食盐4克，香油2毫升

制作方法

❶ 鲜虾洗净；西蓝花洗净，掰成小朵；水发粉丝洗净，切段备用。

❷ 净锅上火，倒入清水，调入食盐，下入鲜虾、西蓝花、水发粉丝煲至熟，淋入香油即可。

草菇烧西蓝花

材料

西蓝花300克，草菇150克

调味料

食盐3克，鸡精2克，蒜3克，花生油适量

制作方法

❶ 西蓝花洗净，掰成小朵；草菇洗净，切片；蒜去皮洗净，切末。

❷ 净锅入水烧开，放入西蓝花焯烫片刻，捞出沥干水分备用。

❸ 另起一锅，倒入花生油烧热，放蒜末爆香后倒入西蓝花、草菇滑炒片刻，再加入食盐、鸡精炒匀，最后加适量清水烧熟即可。

双菇炒西蓝花

材料

草菇100克，水发香菇10朵，西蓝花1棵，胡萝卜1根

调味料

食盐、鸡精各3克，白糖10克，蚝油、水淀粉各10毫升

制作方法

❶ 草菇、香菇洗净；西蓝花洗净。

❷ 净锅加入适量清水烧开，将胡萝卜、草菇、西蓝花分别放入其中焯水。

❸ 锅烧热，放入蚝油、香菇、胡萝卜片、草菇、西蓝花炒匀，加少许清水，加盖焖煮至所有材料熟透，加入食盐、鸡精、白糖调味，以水淀粉勾薄芡，炒匀即可。

西蓝花炒油菜

材料

西蓝花200克，油菜200克，胡萝卜50克

调味料

食盐2克，白糖3克，花生油20毫升，鸡精2克

制作方法

❶ 西蓝花切去根托，洗净，切朵；油菜去尾叶，洗净；胡萝卜洗净切片。

❷ 净锅上火，加入适量清水，调入白糖、食盐，待水沸后放入原材料焯水，捞出沥干水分。

❸ 净锅上火，把花生油烧热，倒入焯过的原材料，翻炒片刻，调入食盐、鸡精、白糖炒至入味即可。

鸡汁西蓝花

材料

西蓝花300克，莴笋200克，红椒3克，鸡肉200克

调味料

食盐3克，花生油、鸡汁各适量

制作方法

① 西蓝花洗净，掰成小朵；莴笋去皮洗净，切片；红椒去蒂洗净，切片；鸡肉洗净，切片。

② 净锅入水烧开，加入食盐，放入西蓝花焯熟，捞出沥干摆盘。

③ 净锅倒入花生油烧热，放入鸡肉滑炒片刻，再放入莴笋、红椒一起炒，最后加入食盐、鸡汁炒匀，待熟盛在西蓝花上即可。

满园春色

材料

西蓝花300克，圣女果200克，扁豆、黑木耳、生猪肉各100克，红豆、黄豆各50克

调味料

食盐3克，鸡精2克，花生油适量

制作方法

① 所有原材料洗净并处理好。

② 净锅入水烧开，加入食盐，放入西蓝花焯熟，捞出沥干摆盘。

③ 净锅入花生油烧热，放入猪肉炒片刻，再放入扁豆、黑木耳、红豆、黄豆一起炒，加入食盐、鸡精调味，待熟时放入圣女果略炒，盛在西蓝花上即可。

百合西蓝花

材料

西蓝花300克，番茄1个，百合、玉米、青豆、腰果、腰豆各50克

调味料

食盐3克，枸杞子10克，鸡精2克，花生油适量

制作方法

1. 西蓝花洗净，掰成小朵；番茄洗净，切片摆在盘子四周；百合、玉米、青豆、腰果、腰豆、枸杞子均洗净备用。
2. 净锅注水烧开，放入西蓝花焯熟，捞出沥干摆盘。
3. 净锅入油烧热，放入玉米、青豆、百合、腰果、腰豆、枸杞子一起翻炒片刻，再加入食盐、鸡精调味，炒熟后盛在西蓝花上即可。

西蓝花炒西芹

材料

西蓝花300克，西芹、百合、腰果、紫包菜各100克

调味料

食盐3克，熟白芝麻10克，白糖5克，花生油适量

制作方法

1. 将西蓝花、百合洗净撕成小朵；西芹、紫包菜洗净切片。
2. 净锅注水烧开，加入食盐，放入西蓝花焯熟，捞出沥干摆盘。
3. 锅中加入花生油烧热，放入西芹、百合、紫包菜炒至五成熟，加入食盐调味，炒熟后盛在西蓝花上。
4. 另起锅下油，加入白糖烧至溶化后放入腰果，撒上白芝麻熘炒片刻，摆于盘子四周即可。

西蓝花炒腐竹

材料

西蓝花300克，腐竹、黄瓜、胡萝卜各150克

调味料

食盐3克，鸡精2克，花生油适量

制作方法

1. 西蓝花洗净，掰成小朵；腐竹泡发，洗净，切段；黄瓜洗净，切片；胡萝卜去皮，洗净，切片。
2. 净锅入水烧开，放入西蓝花焯烫片刻，捞出沥干水分备用。
3. 净锅注油烧热，放入西蓝花、腐竹、黄瓜、胡萝卜翻炒片刻，加入盐、鸡精炒匀，待熟装盘即可。

双椒炒西蓝花

材料

西蓝花300克，红椒、黄椒各50克，萝卜干100克

调味料

食盐3克，鸡精2克，花生油适量

制作方法

1. 西蓝花洗净，掰成小朵；红椒、黄椒均去蒂洗净，切片；萝卜干洗净，切段。
2. 净锅入水烧开，放入西蓝花焯烫片刻，捞出沥干备用。
3. 净锅注油烧热，放入西蓝花、萝卜干、红椒、黄椒滑炒片刻，再加入食盐、鸡精调味，炒熟装盘即可。

02

叶菜类

　　叶菜是指以叶片或叶茎作为食用部分的蔬菜。叶菜含有丰富的叶绿素，此乃造血原料，且维生素 C 的含量比水果多得多，是餐桌上必不可少的佳肴。本章为您介绍的叶类蔬菜的菜式做法多样，有凉拌、热炒、蒸煮、汤煲等，而且做法简单，让您能轻松做出既营养又美味的菜肴。

千层莲花菜

材料

白菜500克，甜椒30克

调味料

食盐3克，味精2克，老抽、芝麻油各适量

制作方法

❶ 白菜、甜椒洗净，切块，放入开水中稍烫后捞出，沥干水分备用。

❷ 用食盐、味精、老抽、芝麻油调成味汁，将每一片白菜在味汁中稍泡后取出。

❸ 将白菜一层一层叠好放入盘中，再将甜椒放在白菜上，最后撒上熟芝麻即可。

白菜金针菇

材料

白菜350克，金针菇100克，水发香菇20克，红辣椒10克

调味料

食盐3克，鸡精2克，花生油适量

制作方法

❶ 白菜洗净，撕大片；香菇洗净切块；金针菇去尾，洗净；红辣椒洗净，切丝备用。

❷ 锅中倒油加热，先后下香菇、金针菇、白菜翻炒。

❸ 最后加入食盐和鸡精，炒匀装盘，撒上红辣椒丝即可。

腐乳白菜

材料

嫩白菜350克，腐乳3块，甜椒20克

调味料

红油适量

制作方法

❶ 白菜洗净，放入开水中焯熟，捞出沥干水分装盘。

❷ 甜椒洗净，切丁，撒在白菜上。

❸ 将腐乳摆在盘中，再将红油淋在白菜上即可。

清炒油菜

材料

油菜350克

调味料

蒜蓉20克，食盐3克，鸡精1克，花生油适量

制作方法

❶ 将油菜洗净，对半剖开，沥干水分备用。

❷ 净锅置于火上，注油烧热，放入蒜蓉炒香，再倒入油菜滑炒至熟，最后加入食盐和鸡精炒匀装盘即可。

陈醋娃娃菜

材料

娃娃菜400克，红椒10克

调味料

白糖15克，味精2克，陈醋50毫升，香油适量

制作方法

❶ 将娃娃菜洗净，改刀，入沸水中焯熟后捞出。

❷ 用白糖、味精、香油、陈醋调成味汁。

❸ 将味汁倒在娃娃菜上腌渍，再撒上红椒即可。

爽口三丝

材料

白菜叶200克，火腿肠100克，黄瓜80克

调味料

食盐4克，味精2克，白醋10毫升，白糖20克，香油15毫升

制作方法

❶ 白菜叶、黄瓜分别洗净，切丝；火腿肠切丝。

❷ 将所有原材料放入水中焯至断生，捞出沥干，装盘。

❸ 加入所有调味料，拌匀即可。

剁椒娃娃菜

材料

娃娃菜400克，剁椒100克，泡椒50克

调味料

葱30克，蒜20克，食盐4克，味精2克，香油20毫升，白醋15毫升，花生油适量

制作方法

❶ 娃娃菜洗净，手撕成条，入沸水中焯熟，沥干装盘。

❷ 葱洗净，切葱花，蒜去皮切末。

❸ 将剁椒、泡椒连同所有调味料置于热油锅中炒香，淋在娃娃菜上即可。

剁椒拌白菜

材料

白菜叶500克，剁椒50克

调味料

食盐3克，鸡精2克，红油适量

制作方法

❶ 白菜叶洗净，撕成小块。

❷ 白菜叶入水焯至断生，捞出沥干，装盘。

❸ 将剁椒和所有调味料调成味汁，淋在白菜叶上，拌匀即可。

佛手娃娃菜

材料

娃娃菜350克，红辣椒10克

调味料

食盐3克，生抽8毫升，味精2克，香油10毫升

制作方法

❶ 娃娃菜洗净，切细条，入沸水焯熟，捞出沥干水分，装盘。

❷ 红辣椒洗净，切末。

❸ 把所有调味料调成味汁，淋在娃娃菜上即可。

木耳白菜片

材料

黑木耳100克，白菜100克

调味料

食盐3克，味精1克，白醋6毫升，生抽10毫升，干红辣椒适量

制作方法

❶ 黑木耳泡发洗净；白菜洗净，切片。

❷ 净锅内注水烧沸，放入黑木耳、白菜片，待焯熟后捞起，沥干水分，装入盘中。

❸ 加入食盐、味精、白醋、生抽、干红辣椒段拌匀即可。

拌时蔬

材料

紫包菜、绿包菜、黄瓜、胡萝卜、腐皮各50克

调味料

食盐2克，味精1克，白醋6毫升，香菜、香油各适量

制作方法

❶ 紫包菜、绿包菜、腐皮洗净，切丝，用沸水焯熟后，晾干待用；胡萝卜洗净，切丝；黄瓜洗净，切丝；香菜洗净备用。

❷ 将焯熟的紫包菜丝、绿包菜丝、腐皮丝与胡萝卜丝、黄瓜丝都放入盘中，加入调料拌匀即可。

炝炒包菜

材料

包菜300克，干红辣椒10克

调味料

食盐5克，白醋6毫升，味精3克，花生油适量

制作方法

❶ 包菜洗净，切成三角状；干红辣椒切成小段。

❷ 净锅上火，加油烧热，放入干红辣椒段炝炒出香味。

❸ 放入包菜块，炒熟后，加入所有调味料炒匀即可。

芥末白菜

材料

白菜500克，甜椒5克

调味料

白糖10克，芥末50克，白醋5毫升，食盐3克，香油10毫升，老抽适量

制作方法

❶ 大白菜择洗干净，下入沸水中焯熟，沥水待用；甜椒洗净切丝。

❷ 将芥末放在碗中，用沸水冲开，并按同一方向搅动，同时加入白醋、食盐、白糖、老抽和香油。

❸ 将调好的芥末汁倒在白菜上，卷成卷，切成小段，码在盘子里，撒上甜椒丝即可。

珊瑚包菜

材料

包菜500克，青椒、红椒各20克，冬笋50克，泡发香菇20克

调味料

食盐3克，白醋6毫升，红油10毫升，干红辣椒5克，葱15克，姜10克，花生油适量

制作方法

❶ 将除包菜外的所有材料洗净切丝，包菜洗净一切为二，放入沸水中焯烫，捞出装盘。

❷ 净锅注油烧热，放入葱丝、姜丝、干红辣椒丝、香菇丝、冬笋丝、青椒丝、红椒丝、食盐翻炒。

❸ 加入清水，煮开后调入白糖，晾凉后浇入装有包菜的盘中，淋入红油、白醋，拌匀即可。

葱油西芹

材料

西芹300克，胡萝卜50克

调味料

食盐2克，白醋5毫升，生抽8毫升，葱10克，花生油、味精、香油各适量

制作方法

❶ 西芹去叶，留下菜梗洗净，切成菱形块；胡萝卜去皮洗净，切成菱形块；葱洗净，切段，放入油锅爆香。

❷ 净锅内注水，用大火烧开，把西芹块放入开水内焯一下，捞出控净水分，放入盘中，再放入胡萝卜块，最后加入生抽、白醋、食盐、味精、香油、葱段调拌均匀即可。

西北拌菜

材料

紫包菜、绿包菜、小白菜各150克，花生仁50克，芝麻20克

调味料

食盐4克，味精2克，生抽10毫升，白醋15毫升，甜椒、花生油各适量

制作方法

❶ 紫包菜、绿包菜洗净，撕成小块；甜椒洗净，切成块；小白菜洗净备用。

❷ 将紫包菜、绿包菜、甜椒入沸水中稍烫，捞出，沥干水分备用；油锅烧热，下入花生仁炸熟。

❸ 将所有材料装盘，与所有调料拌匀即可。

手撕包菜

材料

包菜300克

调味料

白糖5克，白醋10毫升，食盐5克，鸡精5克，干红辣椒20克，花生油适量

制作方法

❶ 包菜洗净，将菜叶剥下来，用手撕成小片；干红辣椒洗净切粒。

❷ 炒锅烧热，倒入花生油，将干红辣椒、包菜放入翻炒，炒至将熟时加入白醋和食盐、白糖、鸡精，炒匀即可。

烫包菜

材料

包菜200克

调味料

老抽少许

制作方法

❶ 包菜洗净，切小片，入沸水中烫熟，捞出摆盘。

❷ 将适量老抽淋在包菜上拌匀即可。

辣爆包菜

材料

包菜400克，干红辣椒50克

调味料

生抽10毫升，白醋适量，食盐4克，鸡精1克

制作方法

❶ 包菜洗净，切片；干红辣椒洗净，切段。

❷ 净锅倒入适量花生油，烧热，放入干红辣椒爆香，倒入包菜，加生抽炒匀。

❸ 加入适量醋、食盐和鸡精调味，装盘即可。

花生拌菠菜

材料

菠菜300克，花生仁50克

调味料

食盐、味精各3克，花生油、香油各适量

制作方法

❶ 菠菜去根洗净，入开水锅中焯水后捞出沥干；花生仁洗净。

❷ 油锅烧热，放入花生仁炸熟。

❸ 将菠菜、花生仁同拌，调入食盐、味精拌匀，淋入香油即可。

姜汁菠菜

材料

菠菜180克，姜60克，红椒、蒜各5克

调味料

食盐、味精各4克，香油、生抽各10毫升

制作方法

❶ 菠菜去根，洗净，切成小段，放入开水中烫熟，沥干水分，装盘；红椒洗净切丝，蒜切丁。

❷ 姜去皮，洗净，一半切碎，一半捣汁，一起倒在菠菜上。

❸ 将食盐、味精、香油、生抽调匀，淋在菠菜上，再撒上红椒丝，蒜丁即可。

粉丝白菜

材料

粉丝100克，白菜50克，青椒、红椒各30克

调味料

食盐3克，味精2克，白醋5毫升，香油适量

制作方法

❶ 粉丝泡发，剪成小段；大白菜洗净，取梗部切成丝；青椒、红椒洗净，去蒂，去籽，切成丝。

❷ 将大白菜梗丝和青椒丝、红椒丝均入沸水中焯烫至熟后，捞出装盘，再加入粉丝。

❸ 将所有调料一起搅匀，浇入盘中再拌匀即可。

菠菜花生仁

材料

菠菜200克，红豆、杏仁、玉米粒、豌豆、核桃仁、枸杞子、花生仁各50克

调味料

食盐2克，白醋8毫升，生抽10毫升，香油15毫升

制作方法

❶ 菠菜洗净，入沸水中焯熟；红豆、杏仁、玉米粒、豌豆、枸杞子、花生仁洗净，用沸水焯熟待用；核桃仁洗净。

❷ 将焯熟的菠菜放入盘中，再加入红豆、杏仁、玉米粒、豌豆、枸杞子、花生仁、核桃仁。

❸ 在盘中加入食盐、白醋、生抽、香油，拌匀即可。

果仁菠菜

材料

菠菜300克，熟花生仁30克，松子20克，腐皮20克，红椒6克

调味料

食盐3克，白醋5毫升，香油8毫升，味精1克

制作方法

❶ 菠菜洗净，切段；红椒、腐皮洗净，切成丝。

❷ 净锅内注水，烧开，放入菠菜焯一下，捞起控干水分。

❸ 将食盐、白醋、香油、味精、熟花生仁、松子一起调成汁浇在上面，撒上红椒丝、腐皮丝即可。

辣包菜

材料

包菜400克，干红辣椒2个

调味料

食盐3克，花生油、香油、味精各适量，葱丝10克，姜丝5克，大蒜2瓣

制作方法

❶ 包菜洗净，切丝；干红辣椒洗净，切细丝；大蒜切末。

❷ 将包菜丝放入沸水中焯一下，捞出，再放入凉开水中过凉，捞出盛盘。

❸ 净锅置于火上，倒入花生油烧至六成热，放入葱丝、姜丝、辣椒丝、蒜末炒出香味，再加入食盐、香油、味精，炒成调味汁，浇在包菜上，拌匀即可。

五仁菠菜

材料

菠菜300克，玉米、花生各50克，松子、炸豌豆各30克，熟芝麻15克

调味料

食盐4克，味精2克，生抽8毫升，香油适量

制作方法

❶ 菠菜去须根洗净，放入开水中稍烫，捞出，沥干水分，切段备用。

❷ 玉米、松子洗净，入开水锅中煮熟，捞出，沥干水分；花生仁炸熟。

❸ 将菠菜、豌豆和上述材料放入盘中，加调料搅拌均匀即可。

芥末菠菜

材料

菠菜400克，红椒40克

调味料

芥末适量，蚝油、香油各15毫升，食盐3克，鸡精1克

制作方法

❶ 将菠菜洗净，切段，焯水至熟，装盘；红椒洗净，切圈。

❷ 将芥末、蚝油、香油、食盐和鸡精调成味汁，淋在菠菜上，再用红椒圈装饰即可。

宝塔菠菜

材料

菠菜200克，杏仁、玉米粒、松子各50克

调味料

食盐3克，味精1克，白醋8毫升，生抽10毫升，香油适量

制作方法

❶ 菠菜洗净，切段，放入沸水中焯熟；杏仁、玉米粒、松子均洗净，用沸水焯熟，捞起晾干备用。

❷ 将菠菜、杏仁、玉米粒、松子放入碗中，加入食盐、味精、白醋、生抽、香油拌匀，倒扣于盘中即可。

油菜拌花生仁

材料

油菜300克，花生仁100克

调味料

白醋、香油各适量，食盐3克，鸡精1克

制作方法

❶ 将油菜洗净，沥干，入沸水锅中焯水，沥干，装盘；花生仁洗净，入油锅中炸熟，捞出控油，装盘。

❷ 将白醋、香油、食盐和鸡精调成味汁，淋在油菜和花生仁上，搅拌均匀即可。

菠菜豆腐卷

材料

菠菜500克，豆腐皮150克，甜椒50克

调味料

食盐4克，味精2克，老抽8毫升

制作方法

❶ 菠菜洗净，去须根；甜椒洗净，切丝；豆腐皮洗净。

❷ 将上述材料放入开水中稍烫，捞出，沥干水分；菠菜切碎，加入食盐、味精、老抽搅拌均匀。

❸ 将腌好的菠菜放在豆腐皮上，再卷起来，均匀切段，最后撒上甜椒丝即可。

蒜蓉菠菜

材料

菠菜500克，蒜蓉50克

调味料

香油20毫升，食盐4克

制作方法

❶ 将菠菜洗净，切段，焯水，捞出装盘待用。

❷ 炒锅注油烧热，放入蒜蓉炒香，倒在菠菜上，再加入香油和适量食盐充分搅拌均匀即可。

凉拌韭菜

材料

韭菜250克，红辣椒1个

调味料

老抽2毫升，白糖5克，香油3毫升

制作方法

❶ 韭菜洗净，去头尾，切成长段；红辣椒去蒂和籽，洗净，切条备用。

❷ 将调味料放入碗中调匀备用。

❸ 锅中倒入适量水煮开，放入韭菜，烫1分钟后，用凉开水冲凉后沥干，盛入盘中，撒上红辣椒及做法2中配好的调料拌匀即可。

菠菜粉丝

材料

菠菜100克，粉丝50克，胡萝卜1个，熟芝麻5克

调味料

蒜末、姜末各5克，葱花3克，红油10毫升，生抽5毫升，花生油、食盐、味精、白醋各适量

制作方法

❶ 粉丝泡软，洗净；胡萝卜洗净，切丝；菠菜洗净，备用。

❷ 锅中加水烧沸，放入粉丝、胡萝卜、菠菜，焯烫至熟，捞出沥干水分，装盘，撒上少许熟芝麻。

❸ 净锅内注油烧热，将姜末、蒜末、葱花炒香，盛出，加入其他调味料拌匀，做成调味料即可。

土豆片烧油菜

材料

油菜400克，土豆200克，红椒30克

调味料

蒜蓉15克，老抽15毫升，蚝油10毫升，食盐4克，鸡精1克，花生油适量

制作方法

❶ 将油菜洗净，切段；土豆洗净，去皮，切菱形块；红椒洗净，切片。

❷ 炒锅上火，注油烧热，放入蒜蓉爆香，倒入土豆片滑炒至七成熟，再加入油菜和红椒一起翻炒至熟。

❸ 加入老抽、蚝油、食盐和鸡精调味，起锅装盘即可。

韭菜炒香干

材料

韭菜150克，香干120克，红椒适量

调味料

花生油、姜、食盐、鸡精、老抽、香油各适量

制作方法

❶ 香干洗净，切条待用；韭菜洗净，切小段；姜洗净，切成小片；红椒洗净，切圈。

❷ 炒锅上火，注油烧热，倒入香干，加老抽、食盐，炒出香味后，捞出沥干油。

❸ 将底油烧热，放入姜片、红椒，再放入韭菜，炒至熟，倒入香干，再炒30秒，放入、食盐、鸡精、香油炒匀即可。

油菜炒猪肝

材料

猪肝、油菜各100克

调味料

老抽、料酒、食盐、白糖、淀粉、香油、姜末、蒜片、花生油各适量

制作方法

❶ 猪肝洗净，切片，用淀粉拌匀上浆；油菜去叶，洗净切片。

❷ 把蒜片、姜末、老抽、料酒、食盐、白糖及淀粉放在碗内，加适量水，调成芡汁备用。

❸ 锅中注油烧热，放入猪肝片、油菜片炒熟，随即把芡汁倒入，炒均匀，淋上香油即成。

腊八豆炒油菜

材料

腊八豆50克，油菜200克

调味料

食盐3克，花生油、辣椒油各适量

制作方法

❶ 将油菜洗净，切段。

❷ 锅中注水烧热，加入花生油后放入油菜段焯烫片刻，捞起控水。

❸ 另起锅，烧热辣椒油，放入油菜段、腊八豆，调入食盐，炒熟即可。

油菜炒脆笋

材料

油菜300克，小竹笋100克，泡椒30克

调味料

食盐3克，鸡精2克，蒜蓉20克，花生油各适量

制作方法

❶ 将油菜洗净，沥干；小竹笋洗净，切段，焯水；泡椒洗净，沥干。

❷ 锅中注油烧热，放入蒜蓉和泡椒炒香，再放入油菜翻炒，放入小竹笋一起炒至熟。

❸ 加入食盐和鸡精调味，装盘即可。

油菜炒虾仁

材料

虾仁30克，油菜100克

调味料

葱、姜、食盐、花生油各适量

制作方法

❶ 将油菜洗净后切段，用沸水焯一下，备用。

❷ 将虾仁洗净，除去虾线，用水浸泡片刻，放入油锅翻炒。

❸ 放入油菜，加调味料炒熟即可。

芹菜油豆丝

材料

芹菜150克，油豆腐150克，红椒15克

调味料

食盐3克，味精5克，香油、老抽各10毫升

制作方法

❶ 芹菜洗净，切成段，放入开水中烫熟，沥干水分；油豆腐洗净，切成丝，入锅中烫熟后捞起；红椒洗净，切成丝，放入水中焯一下。

❷ 将食盐、味精、老抽调成味汁，再将芹菜、油豆腐丝、红椒加入味汁一起拌匀，淋上香油，装盘即可。

韭黄炒茶干

材料

韭黄、茶干各200克，猪瘦肉100克，红椒20克

调味料

花生油、水淀粉、料酒各适量，食盐3克，鸡精1克

制作方法

❶ 韭黄、茶干、猪瘦肉、红椒均洗净，切丝备用。

❷ 炒锅注油烧至七成热，倒入肉丝滑炒至八成熟，装盘备用；锅中再注油烧热，放入韭黄和茶干一起翻炒，加入红椒和肉丝同炒至熟。

❸ 加入食盐和鸡精调味，用水淀粉勾芡即可。

核桃仁拌韭菜

材料

核桃仁300克，韭菜150克

调味料

白糖10克，白醋3毫升，食盐5克，香油8毫升，花生油适量

制作方法

❶ 韭菜洗净，焯熟，切段。

❷ 锅内放入油，待油烧至五成热时倒入核桃仁，炸成浅黄色捞出。

❸ 在另一只碗中放入韭菜、白糖、白醋、食盐、香油拌匀，和核桃仁一起装盘即成。

清炒韭黄

材料

韭黄250克

调味料

花生油、食盐、味精各适量

制作方法

❶ 将韭黄洗净，切成段。

❷ 净锅置于火上，加花生油烧热后，放入韭黄急速煸炒。

❸ 随即加入食盐、味精炒匀即可。

韭黄腐竹

材料

腐竹200克，韭黄200克

调味料

食盐5克，鸡精3克，胡椒粉5克，蚝油8毫升，蒜片5克，花生油适量

制作方法

❶ 腐竹、韭黄分别洗净，切段。

❷ 锅中注水煮沸后放入腐竹，待水再次煮沸时，捞起腐竹沥干水分。

❸ 锅中油烧热后，爆香蒜片，放入韭黄炒熟，再加入腐竹，调入调味料炒匀即可。

西芹拌草菇

材料
西芹、草菇各200克

调味料
食盐4克，老抽8毫升，鸡精2克，胡椒粉3克

制作方法

❶ 西芹洗净，切斜段；甜椒洗净，切丝；草菇洗净，剖开备用。

❷ 西芹、甜椒在开水中稍烫，捞出，沥干水分；草菇煮熟，捞出，沥干水分。

❸ 将西芹、甜椒、草菇放入一个容器，加入食盐、老抽、鸡精、胡椒粉搅拌均匀，装盘即可。

泡椒拌韭黄

材料
韭黄300克，泡椒100克

调味料
泡椒汁、味精、老抽、香油各适量

制作方法

❶ 韭黄洗净，用沸水烫熟后晾凉，切段。

❷ 泡椒去蒂后切成丝，与韭黄拌匀。

❸ 将所有调味料拌在一起调成味汁，再将味汁浇在原材料上即可。

韭黄炒鸡蛋

材料
韭黄50克，鸡蛋3个

调味料
食盐3克，花生油、香菜、红辣椒各适量

制作方法

❶ 韭黄洗净切段，鸡蛋打入碗中搅匀，香菜洗净，红辣椒洗净切小圈。

❷ 炒锅中注入花生油，大火烧热后转至中火，倒入鸡蛋炒至凝固。

❸ 将韭黄倒入锅中与鸡蛋拌炒，待韭黄变软后，放少许食盐、红辣椒炒匀，装盘放上香菜即可。

核桃仁拌西芹

材料

西芹250克，核桃仁200克，红椒50克

调味料

食盐3克，味精2克，香油15毫升

制作方法

❶ 将核桃仁洗净；西芹洗净，切菱形块；红椒洗净，切菱形片。

❷ 所有原材料入沸水锅中焯熟，沥干，装盘。

❸ 加入食盐、味精和香油一起拌匀即可。

韭菜炒鸡蛋

材料

鸡蛋4个，韭菜150克

调味料

食盐5克，味精1克，花生油适量

制作方法

❶ 韭菜洗净，切成碎末备用。

❷ 鸡蛋打入碗中，搅散，加入韭菜末、食盐、味精搅匀备用。

❸ 炒锅置于火上，注入花生油，将备好的鸡蛋液倒入锅中煎至两面金黄即可。

爽脆西芹

材料

西芹400克

调味料

食盐、香油各适量

制作方法

❶ 将西芹洗净，切成长度相等的段。

❷ 锅中水烧开，放入适量食盐，再倒入西芹焯水至熟，捞出，沥干水分，摆盘。

❸ 淋上香油即可。

油菜香菇

材料

油菜500克，香菇10朵

调味料

高汤半碗，花生油、水淀粉、食盐、白糖、味精各适量

制作方法

❶ 油菜洗净，对切成两半；香菇泡发洗净，去蒂，撒碎。

❷ 炒锅注油烧热，先放入香菇炒香，再放入油菜、食盐、白糖、味精，加入高汤，加盖焖约2分钟，以水淀粉勾一层薄芡即可。

炝炒油菜

材料

油菜400克，干红辣椒50克

调味料

香油15毫升，食盐3克，鸡精2克，花生油适量

制作方法

❶ 将油菜洗净，沥干水分；干红辣椒洗净，切段。

❷ 炒锅上火，倒入适量花生油烧热，放入干红辣椒爆香，再倒入油菜快速翻炒至熟。

❸ 用香油、食盐和鸡精调味，装盘即可。

芝麻圆白菜

材料

圆白菜嫩心500克，黑芝麻10克

调味料

食盐、花生油、味精各适量

制作方法

❶ 芝麻洗净，入锅内小火慢炒至香，盛出晾凉，碾压成粉；圆白菜心洗净，切小片。

❷ 炒锅上火，注入花生油烧热，放入圆白菜心炒1分钟，后加入食盐，用大火炒至圆白采熟透发软，加入味精拌匀，起锅装盘，撒上芝麻粉拌匀即成。

芹菜拌花生仁

材料

芹菜250克，花生仁200克

调味料

花生油、芝麻酱各适量，食盐3克，味精1克

制作方法

❶ 将芹菜洗净，切碎，入沸水锅中焯水，沥干，装盘；花生仁洗净，沥干。

❷ 炒锅中注入适量花生油烧热，放入花生仁炸至表皮泛红后捞出，沥油，倒在芹菜中。

❸ 加入食盐和味精搅拌均匀，加入芝麻酱即可。

芝麻拌西芹

材料

西芹500克，红辣椒2个，熟芝麻10克

调味料

食盐、蒜末、味精、花椒油各适量

制作方法

❶ 红辣椒去蒂去籽，切圈，盛盘垫底用；西芹择洗干净，切片。

❷ 西芹入沸水中焯一下，冷却后装盘。

❸ 加入蒜末、花椒油、味精、食盐和熟芝麻，拌匀即可。

香油芹菜

材料

芹菜400克，红椒粒20克

调味料

香油20毫升，食盐3克，鸡精1克

制作方法

❶ 将芹菜择去叶子，洗净，切碎，焯水，捞出沥干，装盘待用。

❷ 加入适量香油、食盐、鸡精和红椒粒，一起搅拌均匀即可。

辣椒炒韭菜

材料
韭菜150克，红尖椒100克

调味料
花生油、蒜蓉、食盐、鸡精、香油各适量

制作方法

❶ 韭菜择洗净，切段待用。

❷ 辣椒洗净，入锅中蒸熟，取出放入钵中捣烂，加入蒜蓉及适量食盐捣均匀，即成捣辣椒。

❸ 锅中加油烧热，放入韭菜及香油、食盐、鸡精炒至熟后，倒入捣辣椒翻炒均匀即可。

蒜泥菠菜

材料
菠菜500克，大蒜50克

调味料
白醋、香油各10毫升，白糖、食盐各5克，味精适量

制作方法

❶ 菠菜择洗干净，入沸水中稍烫，捞出沥干水分，切成小段，撒入食盐拌匀。

❷ 大蒜去皮捣碎，放入碗中，加入食盐、白糖、味精调成蒜泥。

❸ 将蒜泥淋在菠菜上，再调入白醋、香油，拌匀即可。

酸辣芹菜

材料
嫩芹菜400克，红辣椒30克

调味料
香油10毫升，白醋20毫升，食盐、老抽各适量

制作方法

❶ 红辣椒去蒂，去籽，洗净，切圈。

❷ 芹菜去根、叶，洗净，先剖成四条，再切成长段，放入沸水锅内焯透后捞出，放在凉开水中泡凉，再捞出沥干水分，与红辣椒一起盛盘。

❸ 将老抽、食盐、白醋、香油拌匀，待食盐化开后，倒入芹菜中拌匀即可。

03

瓜果类

　　瓜果类蔬菜种类繁多。新鲜的瓜果类蔬菜水分含量较大，营养也较丰富，是人们在夏天必吃的食物。瓜果类蔬菜的蛋白质、脂肪、碳水化合物含量较高，尤其维生素 C 的含量特别高，常吃可以增强人体抵抗力，同时还有开胃消食、美容养颜、防癌抗癌的功效。

香油蒜片黄瓜

材料

黄瓜150克

调味料

大蒜80克，食盐、香油各适量

制作方法

① 大蒜、黄瓜洗净切片。

② 将大蒜片和黄瓜片放入沸水中焯一下，捞出待用。

③ 将大蒜片、黄瓜片装入盘中，将食盐和香油搅拌均匀，淋在大蒜片、黄瓜片上即可。

翡翠黄瓜条

材料

黄瓜400克

调味料

食盐、味精各3克，香油适量

制作方法

① 黄瓜洗净，切长段，再改刀切成条。

② 在黄瓜条上撒上盐，腌渍15分钟后，入开水中焯水，捞出过凉开水晾凉，沥干。

③ 调入味精拌匀，再淋入香油即可。

黄瓜蒜片

材料

黄瓜500克

调味料

干红辣椒5克，香油20毫升，食盐5克，味精5克，大蒜10克

制作方法

① 黄瓜洗净切片，放入沸水中焯一下，捞起控干水分，装盘待用。

② 大蒜去皮切片，干红辣椒切丁。

③ 将黄瓜片、蒜片、辣椒丁一起装盘，放入香油、食盐、味精，拌匀即可。

黄瓜圣女果

材料

黄瓜600克，圣女果300克

调味料

白糖适量

制作方法

1. 黄瓜洗净，切段；圣女果洗净。
2. 将白糖倒入装有清水的碗中，至完全融化。
3. 将黄瓜、圣女果投入糖水中腌渍30分钟，取出摆盘即可。

芥末黄瓜干

材料

芥末粉10克，黄瓜干100克，枸杞子3克

调味料

食盐3克，白醋、香油各10毫升

制作方法

1. 将黄瓜干放入清水中，浸泡至回软后，捞出，沥干水分；枸杞子洗净，泡发。
2. 在芥末粉中加入食盐、白醋、香油和温开水，搅成糊状，淋在盘中，与黄瓜干拌匀。
3. 撒上枸杞子即可。

水晶黄瓜

材料

黄瓜100克

调味料

食盐3克，味精5克，白醋8毫升，生抽10毫升

制作方法

1. 黄瓜洗净，切成薄片，放入加了食盐、白醋的清水中腌一下，捞出沥干装盘。
2. 食盐、味精、白醋、生抽调成味汁。
3. 将味汁淋在黄瓜上即可。

黄瓜炒花生仁

材料

黄瓜300克，香菜、花生仁各50克

调味料

食盐3克，鸡精2克，花生油、白醋各适量

制作方法

❶ 黄瓜去皮洗净，切片；花生仁洗净备用；香菜洗净，切段。

❷ 净锅注油烧热，放入花生仁炒香，再放入黄瓜片、香菜一起炒，最后加入食盐、鸡精、白醋调味，待熟装盘即可。

辣拌黄瓜

材料

黄瓜300克，红椒30克

调味料

食盐2克，味精1克，白醋10毫升，香油5毫升，泡椒适量

制作方法

❶ 黄瓜洗净，切成长条；红椒洗净，切成条。

❷ 将食盐、味精、白醋、香油调成味汁，浇在黄瓜条上面，再撒上泡椒、红椒条即可。

黄瓜拌皮蛋

材料

黄瓜300克，青椒、红椒各50克，皮蛋1个

调味料

食盐3克，香油适量

制作方法

❶ 黄瓜洗净，切丁；青椒、红椒均去蒂洗净，切丁；皮蛋去壳洗净，切丁。

❷ 净锅入水烧开，分别将黄瓜、青椒、红椒、皮蛋焯水后，捞出沥干摆盘，再加入食盐、香油拌匀即可。

蒜泥黄瓜片

材料

黄瓜300克

调味料

食盐3克，味精1克，蒜20克，白醋6毫升，生抽10毫升，香油12毫升

制作方法

❶ 黄瓜洗净，切成连刀片；蒜去皮洗净，切末。

❷ 将黄瓜片放入盘中。

❸ 用食盐、味精、白醋、生抽、香油与蒜末调成汁，浇在黄瓜片上面即可。

泡椒黄瓜条

材料

黄瓜500克，黄泡椒、红泡椒各15克，红椒10克

调味料

食盐4克，白糖20克，生抽8毫升

制作方法

❶ 黄瓜洗净，切条；红椒洗净，一部分切圈，一部分切条。

❷ 红椒入沸水稍烫，捞出，沥干水分。

❸ 将黄瓜、红椒、黄泡椒、红泡椒放入一容器中，加入食盐、白糖、生抽搅拌均匀，装盘即可。

酸辣黄瓜皮

材料

黄瓜250克

调味料

姜10克，白醋10毫升，香油10毫升，芥末油5毫升，食盐3克，味精3克

制作方法

❶ 黄瓜洗净，切成段，然后沿着黄瓜皮往里削薄长条，放入沸水中焯一下，捞起沥干水分。

❷ 姜去皮洗净，切成姜丝。

❸ 把黄瓜皮、姜丝与其余调味料一起装盘，拌匀即可。

腌黄瓜条

材料

黄瓜400克，红椒圈15克

调味料

食盐、味精各3克，白醋、香油各15毫升

制作方法

❶ 黄瓜洗净，切长条，入沸水锅中焯水后捞出。

❷ 将食盐、味精、白醋、香油加入适量水调成味汁。

❸ 投入黄瓜条、红椒圈腌渍后，捞出装盘即可。

黄瓜梨爽

材料

梨300克，黄瓜200克

调味料

白糖适量

制作方法

❶ 黄瓜去皮，洗净，切薄条；梨去皮，洗净，切块。

❷ 将白糖倒入装有清水的碗中，至完全溶化后，淋在黄瓜、梨上即可。

黄瓜圣女果

材料

嫩黄瓜1根，圣女果10个

调味料

生抽5毫升，芥末、冰块各适量

制作方法

❶ 黄瓜洗净，切丝，用冰水泡透；圣女果去蒂洗净，对半切开。

❷ 先将圣女果摆入盘中，再将黄瓜丝堆在圣女果上面。

❸ 取一小碟，放入准备好的芥末和生抽制成味碟，蘸食即可。

蓑衣黄瓜

材料

嫩黄瓜2根

调味料

干红辣椒2个，食盐、白糖、味精、香叶各适量

制作方法

❶ 黄瓜洗净，分别从两侧斜向切花刀，切成蓑衣状（注意不能切断）。

❷ 将适量开水倒入碗中，放入所有调味料，制成味汁。

❸ 待开水凉后，将切好的黄瓜放入其中腌渍24小时即可。

番茄拌黄瓜

材料

黄瓜200克，番茄200克

调味料

食盐2克，干红辣椒5克，花生油适量

制作方法

❶ 黄瓜洗净，切块；番茄洗净，切块。

❷ 将黄瓜和番茄一起加入食盐拌匀。

❸ 净锅注油烧热，放入干红辣椒爆香后淋入装黄瓜和番茄的碗中，拌匀即可。

葱丝黄瓜

材料

黄瓜250克，红椒10克

调味料

香菜、干红辣椒各8克，食盐、味精各5克，大葱50克，老抽、香油各10毫升

制作方法

❶ 黄瓜洗净，切薄片，入开水烫熟；干红辣椒洗净，切段；大葱、红椒洗净，切丝，入沸水中焯一下；香菜洗净。

❷ 将食盐、味精、老抽、香油调匀，淋在黄瓜上。

❸ 将大葱、红椒、干红辣椒、香菜撒在黄瓜上即可。

沪式小黄瓜

材料

小黄瓜500克，红辣椒1个

调味料

白糖5克，食盐5克，味精5克，香油20毫升，蒜头1个

制作方法

❶ 小黄瓜洗净，切成小块，装盘待用。

❷ 蒜头剁成蒜蓉，辣椒切末。

❸ 将蒜蓉与辣椒末、白糖、食盐、味精、香油一起拌匀，浇在黄瓜上，拌匀即可。

拍黄瓜

材料

黄瓜300克，胡萝卜100克

调味料

食盐3克，香油、白醋各适量

制作方法

❶ 黄瓜洗净，用刀拍碎；胡萝卜去皮洗净，切块。

❷ 将切好的黄瓜、胡萝卜装入盘中，加入食盐、香油、白醋调味，拌匀即可。

糖醋黄瓜

材料

黄瓜2根

调味料

米醋50毫升，白糖50克，食盐5克

制作方法

❶ 将黄瓜洗净，切片备用。

❷ 在黄瓜内调入食盐腌渍入味。

❸ 将黄瓜片沥干水分，加入白糖、白醋，拌匀即可。

酸辣瓜条

材料

黄瓜400克，红椒5克

调味料

食盐3克，白醋、香油各适量

制作方法

1 黄瓜洗净，切条；红椒去蒂、去籽洗净备用。

2 净锅入水烧开，放入黄瓜焯烫片刻，捞出沥干摆盘，加入食盐、白醋、香油拌匀，放上红椒点缀即可。

黄瓜炝双耳

材料

嫩黄瓜2根，银耳、木耳各20克

调味料

葱丝、姜丝、味精各适量，食盐3克，香油5毫升

制作方法

1 银耳、木耳泡发洗净，撕成小片；黄瓜洗净，切成小块。

2 将黄瓜、银耳、木耳一起放入沸水中焯烫2分钟，捞出沥干水分。

3 将所有调味料放入原材料中拌匀即可。

胡萝卜拌黄瓜条

材料

黄瓜200克，胡萝卜200克

调味料

食盐3克，蒜3克，香油适量

制作方法

1 黄瓜洗净，切条；胡萝卜去皮洗净，切条；蒜去皮洗净，切末。

2 净锅入水烧开，放入黄瓜、胡萝卜焯烫片刻，捞出沥干，装入盘中，加入食盐、蒜末、香油调味，拌匀即可。

虾米冬瓜

材料

冬瓜500克，虾米50克

调味料

葱末、姜末各10克，食盐、花生油、料酒、水淀粉、鸡精各适量

制作方法

① 冬瓜削去外皮，去瓤、籽，洗净切片；虾米用温水泡软。

② 净锅内注油，爆香葱末、姜末，加入适量水、鸡精、料酒、食盐和海米，烧开后放入冬瓜片，烧至冬瓜入味后用水淀粉勾芡即可。

香煎冬瓜

材料

冬瓜300克，鸡蛋2个，熟黑芝麻3克

调味料

食盐、葱，花生油、淀粉各适量

制作方法

① 冬瓜去皮、去籽，洗净，切片；葱洗净，切葱花。

② 淀粉中加水、食盐，再将鸡蛋打入其中，一起搅成糊状，均匀地裹在冬瓜片上备用。

③ 锅下油烧热，放入冬瓜片，炸至表面金黄，捞出控油，撒上葱花和熟黑芝麻即可。

冬瓜炒芦笋

材料

冬瓜200克，芦笋200克

调味料

食盐3克，鸡精2克

制作方法

① 冬瓜去皮、去籽洗净，切条；芦笋洗净，切段。

② 净锅入水烧开，放入芦笋焯烫片刻，捞出沥干备用。

③ 净锅注油烧开，放入冬瓜、芦笋滑炒，再加入食盐、鸡精调味，炒熟装盘即可。

四季豆炒冬瓜

材料

冬瓜200克，四季豆200克，红椒10克

调味料

食盐、白芝麻、蒜各3克，花生油、老抽、白醋各适量

制作方法

❶ 冬瓜去皮、去籽洗净，切条；四季豆去头尾洗净，切段；红椒去蒂、去籽洗净，切丝；蒜去皮洗净，拍碎。

❷ 净锅注油烧热，放入蒜、白芝麻爆香后，加入四季豆、冬瓜翻炒片刻，再加入食盐、老抽、白醋、红椒炒匀，最后加适量水焖煮至熟，装盘即可。

芥蓝炒冬瓜

材料

芥蓝200克，冬瓜100克，胡萝卜10克

调味料

花生油、蒜片、水发木耳片、食盐、水淀粉各适量

制作方法

❶ 芥蓝去皮洗净，切片；冬瓜去皮、去籽洗净，切片；胡萝卜去皮洗净，切片。

❷ 烧锅加水，待水开时下入芥蓝片、冬瓜片、胡萝卜片，煮至八成熟时捞起，冲凉待用。

❸ 烧锅下油，入蒜片、木耳炒香，加入芥蓝片、冬瓜片、胡萝卜片，调入食盐，炒透入味，用水淀粉勾芡，出锅装盘即可。

苦瓜海带瘦肉汤

材料

苦瓜500克，海带丝100克，猪瘦肉250克

调味料

食盐3克，味精2克

制作方法

❶ 将苦瓜切成两半，挖去核，切块。

❷ 海带浸泡1小时，洗净；猪瘦肉切成小块。

❸ 把以上材料放入砂锅中，加适量清水，煲至猪瘦肉烂熟，再用食盐、味精调味即可。

广东拌丝瓜

材料

丝瓜400克

调味料

食盐、味精各3克，香油10毫升，大蒜5克

制作方法

❶ 丝瓜去皮，洗净，切成长短一致的长条，入开水锅中焯水后捞出。

❷ 大蒜去皮，剁成蓉，与食盐、味精、香油一起拌匀，淋在丝瓜上即可。

鸡油丝瓜

材料

丝瓜100克，红辣椒20克

调味料

食盐3克，香油10毫升，味精5克，鸡油20毫升

制作方法

❶ 丝瓜去皮，洗净，切成滚刀块，用开水焯过后晾凉备用；红辣椒洗净，切成片。

❷ 净锅置于火上，注入鸡油烧热后，放入丝瓜、红辣椒翻炒，再调入剩余调料炒匀即可。

苦瓜炖豆腐

材料

苦瓜250克，豆腐200克

调味料

花生油、食盐、老抽、葱花、高汤、香油各适量

制作方法

① 苦瓜洗净，去籽，切片，豆腐切块。

② 净锅注入花生油，油烧热后将苦瓜片倒入锅内煸炒，再加入食盐、老抽、葱花等调味料，加水煮开。

③ 放入豆腐一起炖熟，淋入香油调味即可。

酸辣瓜条

材料

黄瓜400克，红椒5克

调味料

食盐3克，白醋、香油各适量

制作方法

① 黄瓜洗净，切条；红椒去蒂，洗净备用。

② 净锅入水烧开，放入黄瓜焯烫片刻，捞出沥干摆盘，加入食盐、白醋、香油拌匀，再放上红椒点缀即可。

脆皮黄瓜

材料

黄瓜400克，红椒、熟芝麻各适量

调味料

食盐3克，味精1克，白醋5毫升，香油8毫升，姜、干红辣椒各适量

制作方法

① 黄瓜去蒂洗净，削皮，将其皮卷成圆筒状，然后排于盘中；姜、红椒洗净，切丝；干红辣椒洗净，切段。

② 将食盐、味精、白醋、香油混合调成味汁，浇在黄瓜皮上面，再撒上红椒丝、姜丝、干红辣椒段、熟芝麻即可。

苦瓜炖蛤蜊

材料

苦瓜1条，蛤蜊250克

调味料

姜、蒜各10克，食盐5克

制作方法

❶ 苦瓜洗净，剖开去籽，切成长条；姜、蒜去皮洗净，切片。

❷ 锅中加水烧开，下入蛤蜊煮至开壳后，捞出，冲凉水洗净。

❸ 将蛤蜊、苦瓜、姜片、蒜片加入适量清水，以大火炖30分钟至熟后，加入食盐调味即可。

土豆苦瓜汤

材料

土豆150克，苦瓜100克，无花果100克

调味料

食盐6克，味精2克

制作方法

❶ 将土豆、苦瓜、无花果洗净；苦瓜去籽，切条；土豆去皮，切块。

❷ 锅中加入1500毫升清水煮沸，将无花果、苦瓜条、土豆块一同放入锅内，用中火煮45分钟。

❸ 待熟后，用食盐、味精调味即可。

猪肚苦瓜汤

材料

熟猪肚200克，苦瓜125克

调味料

高汤适量，食盐3克，姜片4克

制作方法

❶ 将熟猪肚切块，苦瓜洗净去籽，切条备用。

❷ 汤锅上火，倒入高汤，调入食盐、姜片，下入熟猪肚、苦瓜煲至熟即可。

菠萝苦瓜汤

材料

新鲜菠萝片或罐装菠萝片25克，苦瓜35克，胡萝卜5克

调味料

食盐适量

制作方法

1. 菠萝切薄片（若为罐装菠萝则切小块）；苦瓜去籽，切片；胡萝卜去皮，切片备用。
2. 将水注入锅中，开中火，加入苦瓜、胡萝卜、菠萝，待水开后转小火将材料煮熟，加入少许食盐调味即可。

苦瓜炒蛋

材料

苦瓜200克，鸡蛋3个，红椒适量

调味料

食盐3克，香油10毫升，花生油适量

制作方法

1. 鸡蛋磕入碗中，搅匀；苦瓜、红椒均洗净，切片。
2. 油锅烧热，倒入鸡蛋液炒熟后盛起；锅内留油烧热，倒入苦瓜、红椒翻炒片刻。
3. 倒入鸡蛋同炒，调入食盐炒匀，淋入香油即可。

火腿苦瓜汤

材料

苦瓜500克，瘦火腿75克

调味料

清汤、食盐、胡椒粉、味精各适量

制作方法

1. 苦瓜洗净，去籽、去瓤，切片；火腿切丝。
2. 锅内注水烧开，将苦瓜焯熟，放入有食盐的凉清汤内漂半小时。
3. 烧开余下的汤，加入火腿、食盐、胡椒粉、味精烧开，此时把苦瓜捞出，放在汤碗中，加入烧开的清汤即可。

咸鱼茄子煲

材料

茄子300克，咸鱼100克

调味料

花生油、姜、葱、蒜、食盐、鲜汤、蚝油、老抽、味精、白糖、胡椒粉、鸡精、香油、水淀粉各适量

制作方法

1. 咸鱼洗净，切丁；茄子去皮洗净，切条；葱择洗净，切段；姜、蒜去皮，洗净切片。
2. 茄条入油锅炸至呈金黄色，捞出；原油锅烧热，下入咸鱼炸香捞出。
3. 另取净锅上火烧油，油温六成热时，放入姜片、蒜片、葱段、蚝油炒香，加入鲜汤少许，再放入茄条、咸鱼，最后加入味精、白糖、胡椒粉、鸡精、食盐，烧至茄条软时，用水淀粉勾芡，装入烧好的煲内，淋上香油即成。

风味茄丁

材料

茄子400克，生猪肉150克，青椒、红椒、青豆各30克

调味料

食盐、蒜各3克，鸡精2克，花生油、辣椒酱、老抽、红油各适量

制作方法

1. 茄子去蒂洗净，切丁；青椒、红椒均去蒂、去籽洗净，切片；生猪肉洗净，切粒；蒜去皮洗净，切末；青豆洗净备用。
2. 锅下油烧热，入蒜爆香，放入猪肉略炒，再放入茄子、青椒、红椒、青豆一起炒，最后加入食盐、鸡精、辣椒酱、老抽、红油调味，炒熟装盘即可。

油浸南瓜

材料

小南瓜300克

调味料

花生油适量

制作方法

① 将小南瓜带皮洗净，切成块。

② 净锅置于火上，加入食用油烧热，油的量要能浸没南瓜。

③ 在油锅中放入南瓜，用小火烧至南瓜熟透，捞出即可。

麻辣茄子

材料

茄子400克

调味料

食盐3克，葱3克，辣椒酱5克，鸡精2克，花生油、红油各适量

制作方法

① 茄子去蒂洗净，切条；葱洗净，切葱花。

② 净锅入水烧开，放入茄子焯水后，捞出沥干备用。

③ 净锅注油烧热，放入茄子炒至八成熟，再加入食盐、辣椒酱、鸡精、红油调味，炒熟装盘，撒上葱花即可。

宫保茄丁

材料

茄子300克，花生仁30克

调味料

食盐3克，大葱10克，干红辣椒5克，鸡精2克，老抽、红油、花生油各适量

制作方法

① 茄子去蒂洗净，切丁；花生仁洗净备用；大葱、干红辣椒均洗净，切段。

② 净锅注油烧热，放入干红辣椒、花生仁炒香，再放入茄子炒至五成熟，最后加入食盐、鸡精、老抽、红油调味，炒至快熟时，放入葱段略炒后装盘即可。

竹笋拌黄瓜

材料

嫩黄瓜2根，熟竹笋50克，木耳30克，红甜椒20克

调味料

姜末、蒜末、豆瓣酱、白糖各适量，白醋5毫升，食盐3克，香油适量

制作方法

① 红甜椒洗净，切片；熟竹笋切片；嫩黄瓜洗净，用刀拍松后切段；木耳泡发后洗净，撕成小朵，入沸水中焯熟。

② 取一小碗，放入所有调味料，制成味汁。

③ 将竹笋片、红椒片、黄瓜段、木耳盛入盘中，淋入味汁拌匀，腌渍15分钟即可。

辣瓜皮

材料

嫩黄瓜4根，鲜红椒、干红辣椒各2个

调味料

姜丝、蒜泥、花椒、食盐、白糖各适量，香油10毫升

制作方法

① 黄瓜洗净，对剖成两半，挖去瓜瓤和部分瓜肉，剩下的瓜皮切成长段，撒上食盐拌匀，腌10分钟；鲜红椒、干红辣椒洗净，切丝。

② 净锅置于火上，放入香油，将花椒和干红辣椒丝炸出香味后捞出，浇在黄瓜皮上，加入白糖、姜丝、蒜泥拌匀，摆盘。

③ 将姜丝和鲜红椒丝撒在瓜皮上作装饰即可。

黄瓜泡菜

材料

黄瓜500克，青椒、红椒各1个

调味料

食盐8克，白醋8毫升，蒜8克

制作方法

1. 黄瓜洗净切段；辣椒洗净，用刀稍微拍烂；蒜去皮洗净备用。
2. 黄瓜用食盐拌匀，腌渍约5分钟后，用清水冲净，沥干水分。
3. 将各种备好的原材料装入钵中，加入白醋、食盐，倒入清水至没过所有材料，封好口，腌2天即可食用。

油焖冬瓜

材料

冬瓜300克，青椒、红椒各20克，姜10克

调味料

食盐5克，老抽3毫升，味精、鸡精各2克，葱10克，花生油适量

制作方法

1. 冬瓜去皮、去籽，洗净，切三角形厚块，面上划十字花刀；青椒、红椒均洗净切块；姜去皮洗净切丝；葱洗净切圈。
2. 将切好的冬瓜入沸水中稍烫，捞出，沥干水分。
3. 起锅上油，放入冬瓜焖10分钟，加入辣椒块及剩余用料，再加入所有调味料炒匀即可。

清炒南瓜丝

材料

嫩南瓜350克

调味料

蒜10克，食盐5克，味精3克

制作方法

❶ 将嫩南瓜洗净，切成细丝；蒜去皮洗净剁蓉。

❷ 锅中加水烧开，放入南瓜丝焯熟后，捞出沥干水分备用。

❸ 锅中注油烧热，放入蒜蓉炒香后，加入南瓜丝炒熟，再调入食盐、味精炒匀即可。

葱油南瓜

材料

南瓜300克，青椒10克

调味料

食盐3克，鸡精2克，干红辣椒5克，葱油适量

制作方法

❶ 南瓜去皮、去籽，洗净，切丝；青椒去蒂、去籽，洗净，切丝；干红辣椒洗净备用。

❷ 锅内注入葱油烧热，放入干红辣椒爆香，再放入南瓜、青椒炒至八成熟时，加入食盐、鸡精炒至入味，装盘即可。

生焗南瓜

材料

小南瓜300克

调味料

葱段、姜片、料酒、食盐、白糖、味精、花生油各适量

制作方法

❶ 将小南瓜带皮洗净，切成块。

❷ 净锅置于火上，加入花生油烧热，油要能浸没南瓜。在油锅中放入南瓜，用小火慢慢浸熟，将南瓜取出沥干油。

❸ 锅中留油，放入南瓜、葱段、姜片、料酒、盐、糖、味精，加盖烧5分钟即可。

银杏百合炒南瓜

材料

南瓜350克，银杏、百合各50克，红椒30克

调味料

食盐3克，鸡精2克，花生油适量

制作方法

❶ 南瓜去皮、去籽，洗净，切菱形块；百合洗净，切片；红椒去蒂、去籽，洗净，切片；银杏洗净备用。

❷ 净锅注油烧热，放入南瓜、银杏、百合，炒至八成熟时放入红椒，加入食盐、鸡精炒匀，再加适量清水熘炒，起锅装盘即可。

醋香茄子

材料

茄子300克

调味料

食盐3克，葱5克，老抽、香油、陈醋各适量

制作方法

❶ 茄子去蒂洗净，切成条；葱洗净，切花。

❷ 将切好的茄子摆好盘，入蒸锅蒸熟取出。

❸ 用食盐、老抽、香油、陈醋一起混合，调成味汁均匀地淋在茄子上，撒上葱花即可。

葱香茄子

材料

茄子200克

调味料

葱、蒜各10克，红椒3克，老抽10毫升，食盐、鸡精各4克，花生油适量

制作方法

❶ 将茄子去皮，洗净，切成小段，放入开水中烫熟；红椒洗净，切丝；葱洗净，切末；蒜洗净，剁碎。

❷ 油锅烧热，放入老抽、食盐、鸡精、蒜末爆香，制成味汁。

❸ 将味汁淋在茄子上，撒上红椒丝、葱末即可。

南瓜炒年糕

材料

南瓜200克，年糕200克，大葱段30克，青椒片30克

调味料

食盐、味精、姜片、胡椒粉、花生油、香油各适量

制作方法

1. 南瓜洗净，切片，入沸水中煮至八成熟，捞出沥干水分；年糕切片；青椒片入沸水中焯水，捞出沥水备用。
2. 锅中注油烧热，加入姜片炒香，倒入南瓜、年糕一起炒。
3. 加入青椒片、大葱段、食盐、味精、胡椒粉炒匀，起锅淋上香油即成。

鹌鹑蛋烧南瓜

材料

鹌鹑蛋10个，老南瓜300克，青椒1个

调味料

食盐5克，味精1克，白糖3克，生姜1块，水淀粉、花生油各适量

制作方法

1. 鹌鹑蛋煮熟去壳；老南瓜去皮、去籽，洗净切块；青椒洗净切片；生姜去皮，洗净切片。
2. 净锅置于火上，注油烧热，先放入生姜片炸一会儿，再放入鹌鹑蛋、南瓜、青椒片、食盐，炒至南瓜八成熟时调入味精、白糖翻炒均匀，再用水淀粉勾芡，炒至汁浓时出锅入盘即可。

茄子炒豆角

材料

茄子、豆角各200克

调味料

食盐、味精各2克，老抽、花生油、香油各15毫升，辣椒15克

制作方法

❶ 茄子、辣椒洗净，切段；豆角洗净，撕去荚丝，切段。

❷ 油锅烧热，放辣椒段爆香，放入茄子段、豆角段，大火煸炒。

❸ 加盐、味精、老抽、香油调味，翻炒均匀即可。

杭椒炒茄子

材料

茄子300克，杭椒200克

调味料

食盐3克，鸡精2克，花生油、老抽、水淀粉各适量

制作方法

❶ 茄子去蒂洗净，切条；杭椒去蒂，洗净备用。

❷ 锅内注油烧热，先入杭椒略炒，再放入茄子，炒至五成熟时，加入食盐、鸡精、老抽调味，待熟后用水淀粉勾芡，装盘即可。

蒜泥带把茄子

材料

茄子500克，红椒20克

调味料

香油10毫升，食盐5克，味精2克，蒜30克

制作方法

❶ 茄子带把洗净，切成长条，蒸熟，取出放凉。

❷ 红椒洗净，切成末；蒜去皮洗净，剁成蒜泥。

❸ 锅内注油烧热，放入椒末、蒜泥，爆香，盛出后与其他调味料拌匀，淋在蒸熟的茄子条上即可。

苦瓜瘦肉汤

材料

苦瓜150克，猪瘦肉75克，海带结50克

调味料

色拉油20毫升，食盐6克，味精2克，姜末3克，香油5毫升，胡椒粉3克

制作方法

1. 苦瓜洗净，去籽切片；猪瘦肉洗净切片；海带结洗净备用。

2. 净锅上火，倒入色拉油，将姜末爆香，放入肉片煸炒，再放入苦瓜，倒入净水，调入食盐、味精烧沸，最后下入海带结煲至熟，调入胡椒粉，淋入香油即可。

臊子冬瓜

材料

冬瓜750克，猪五花肉50克

调味料

姜10克，榨菜10克，香葱2克，老抽、香油各3毫升，白糖5克，蒜、食盐、味精各3克，料酒5毫升，高汤、花生油、辣酱各适量

制作方法

1. 冬瓜洗净去皮，切正方块，再切十字花刀；猪肉、榨菜、大蒜、生姜均洗净，切细末；香葱切花。

2. 净锅注油烧热，入肉末炒散，放入榨菜、生姜、高汤、大蒜等调味料。

3. 净锅上火，烧热油，放入冬瓜翻炒，加入适量高汤，汤沸后转小火烧10分钟，加入其他调味料后装盘，将肉末汁淋在盘中冬瓜上即可。

橙子瓜条

材料

冬瓜200克，橙子1个，圣女果1个

调味料

白糖5克

制作方法

1. 冬瓜去皮、去籽，洗净，切条；橙子洗净，切片，平铺在盘中；圣女果洗净备用。
2. 锅中注水烧开，放入冬瓜汆焯后，捞出沥干铺在橙子片上，然后将圣女果放在上面点缀，撒上白糖即可。

橙汁瓜条

材料

冬瓜300克，番茄1个

调味料

食盐3克，橙汁适量

制作方法

1. 冬瓜去皮、去籽，洗净，切条；番茄洗净，切片摆盘。
2. 净锅入水烧开，加入食盐，将冬瓜焯熟后，捞出沥干摆盘，然后将橙汁淋在冬瓜上即可。

剁椒茄条

材料

茄子250克，剁椒30克，芝麻10克

调味料

葱30克，食盐5克，味精3克，红油20毫升，香油10毫升

制作方法

1. 茄子洗净，切条，放入开水中焯熟，捞出沥干水分，装盘摆好。
2. 葱洗净，切成葱花。
3. 把剁椒、葱花和其他调味料拌匀，淋在茄条上即可。

湘式煮丝瓜

材料

丝瓜500克，红椒100克

调味料

香油20毫升，食盐6克，味精5克，高汤500毫升，花生油适量

制作方法

❶ 丝瓜去老筋、去皮，洗净，切成斜块；红椒洗净，切粒。

❷ 净锅注油烧热，加辣椒煸炒，炒香后放入丝瓜煸炒至断生。

❸ 放入高汤、食盐，大火煮开，加入味精调味后，淋入香油装盆即可。

丝瓜木耳汤

材料

丝瓜300克，水发木耳50克

调味料

食盐4克，味精1克，胡椒粉1克

制作方法

❶ 丝瓜刮洗干净，对半剖开再切片。

❷ 木耳去蒂，洗干净，撕成片。

❸ 净锅中加入清水1000毫升，烧开后，放入丝瓜、食盐、胡椒粉，煮至丝瓜断生时，放入木耳略煮片刻，再放入味精搅匀，盛入汤盆中即可。

双椒炒西葫芦

材料

西葫芦300克，青椒2个，红椒1个

调味料

食盐5克，鸡精3克，花生油适量

制作方法

❶ 西葫芦去外皮，洗净，切片。

❷ 青椒、红椒洗净，去蒂去籽，切片。

❸ 净锅注油烧热，放入辣椒、西葫芦翻炒片刻，再加入食盐、鸡精炒至入味即可。

酱拌丝瓜

材料

嫩丝瓜2根

调味料

XO酱50克，食盐3克，花生油适量

制作方法

① 丝瓜刮去外皮后洗净，切成长条。

② 净锅置于火上，加适量清水烧开，放少许花生油和食盐，再放入丝瓜条煮约1分钟，捞出沥干水分。

③ 将丝瓜条盛入碗中，拌入XO酱即可。

老油条丝瓜

材料

丝瓜250克，油条60克，红甜椒丝50克

调味料

花生油、米酒、食盐各适量

制作方法

① 丝瓜去皮洗净，和油条一起切成小段待用。

② 油锅烧热，加入丝瓜、油条和红甜椒，翻炒片刻，再淋少许热水，加盖焖煮，待有水蒸气冒出时揭开锅盖，加入食盐、米酒，大火炒匀，出锅装盘即可。

龙眼苦瓜

材料

苦瓜200克，虾蓉100克，鲜龙眼10颗

调味料

食盐、香油、料酒、味精各适量

制作方法

① 用食盐、料酒将虾蓉调味；鲜龙眼剥壳洗净。

② 将苦瓜切成圆厚片，入沸水锅中焯水，捞出沥干，在内圈填入虾蓉，镶嵌上鲜龙眼肉，入笼屉蒸5分钟取出。

③ 清汤锅中加入盐和味精，淋香油，浇在龙眼苦瓜上即可。

清炒丝瓜

材料

嫩丝瓜300克

调味料

食盐5克，味精3克，花生油适量

制作方法

❶ 嫩丝瓜削去表皮，洗净，切块。

❷ 净锅上火，注油烧热，放入丝瓜块炒至熟软。

❸ 掺入适量水，加入调味料煮沸后即可。

炒丝瓜

材料

丝瓜300克，红椒30克

调味料

食盐3克，鸡精2克，花生油适量

制作方法

❶ 丝瓜去皮洗净，切块；红椒去蒂、去籽，洗净，切片。

❷ 净锅注油烧热，放入丝瓜、红椒炒至八成熟，加入食盐、鸡精调味，炒熟装盘即可。

龙眼爆丝瓜

材料

丝瓜200克，龙眼10颗

调味料

食盐、花生油、鸡精各适量

制作方法

❶ 龙眼去皮、去核，洗净；丝瓜去皮洗净，切滚刀块。

❷ 净锅注水，水沸后倒入龙眼，焯后捞出沥干。

❸ 净锅注花生油，倒入龙眼急火快炒，再倒入丝瓜、食盐、鸡精翻炒出锅即可。

丝瓜炖油豆腐

材料

丝瓜300克，油豆腐150克

调味料

食盐3克，鸡精2克，蒜3克，花生油、老抽、白醋各适量

制作方法

❶ 丝瓜去皮洗净，切块；蒜去皮洗净，切末；油豆腐洗净备用。

❷ 净锅注油烧热，入蒜末爆香后，放入丝瓜炒至五成熟，再放入油豆腐一起炒，最后加入食盐、鸡精、老抽、白醋炒匀，再加入适量清水略煮，起锅装盘即可。

粉烩丝瓜

材料

丝瓜400克，熟鸡蛋黄1个，米粉150克，红椒10克

调味料

食盐3克，鸡精2克，花生油、高汤各适量

制作方法

❶ 丝瓜去皮洗净，切条；粉泡发洗净备用；红椒去蒂洗净，切片；熟鸡蛋黄捣碎备用。

❷ 净锅注油烧热，放入丝瓜滑炒片刻，再放入粉、红椒，加入食盐、鸡精炒匀，最后倒入高汤煮熟装盘，撒上捣碎的熟鸡蛋黄即可。

蒜蓉丝瓜

材料

丝瓜300克

调味料

食盐5克，味精1克，蒜20克，生抽、花生油各适量

制作方法

❶ 丝瓜去皮洗净，切成条状，排入盘中。

❷ 蒜去皮洗净，剁成蓉，下油锅中爆香，再加入食盐、味精、生抽拌匀，淋于丝瓜上。

❸ 将丝瓜入锅蒸5分钟即可。

凤尾拌茄子

材料

茄子300克，莴笋叶50克

调味料

食盐3克，味精1克，白醋8毫升，生抽10毫升，干红辣椒、花生油各适量

制作方法

❶ 茄子洗净，切条；莴笋叶洗净，用沸水焯过后，排于盘中；干红辣椒洗净，切斜圈。

❷ 锅内注油烧热，放入干红辣椒，再放入茄条炸至熟，捞起沥干，并放入排有莴笋叶的盘中。

❸ 用食盐、味精、白醋、生抽调成汤汁，浇于茄子上即可。

脆香黄瓜条

材料

黄瓜500克

调味料

姜10克，干红辣椒10克，蒜20克，白醋50毫升，白糖50克，食盐5克，香油10毫升，花生油适量

制作方法

❶ 把洗净的黄瓜切成长条状装盘。

❷ 蒜去皮洗净，切片；姜洗净去皮，切丝，干红辣椒洗净，切丝。

❸ 锅烧热注油，把蒜片、姜丝和干红辣椒丝放入油锅中爆香，再与其他调味料一起拌匀，调成汁，淋在黄瓜条上即可。

丝瓜豆腐汤

材料

丝瓜150克，嫩豆腐200克

调味料

姜10克，葱15克，食盐5克，味精2克，老抽4毫升，米醋、花生油各适量

制作方法

① 丝瓜削皮，洗净切片；豆腐洗净切块；姜、葱洗净切丝。

② 炒锅上火，放入花生油烧热，放入姜丝、葱丝煸香，加适量清水，放入豆腐块和丝瓜片，大火烧沸。

③ 用小火煮3～5分钟，用食盐、味精、老抽、米醋调味即可。

蒜蓉蒸丝瓜

材料

丝瓜500克，猪肉150克，红椒10克

调味料

食盐3克，葱、蒜各5克，鸡精2克，花生油、老抽、白醋各适量

制作方法

① 丝瓜去皮洗净，切段摆好盘；生猪肉洗净，切末；红椒去蒂洗净，切圈；葱洗净，切葱花；蒜去皮洗净，切末。

② 净锅注油烧热，放入蒜、红椒爆香后，放入肉末略炒，加入食盐、鸡精、老抽、白醋调味，炒至八成熟后，淋在摆好的丝瓜上，撒上葱花，入蒸锅蒸熟后取出即可。

百合炒南瓜

材料

南瓜300克，百合、青椒、红椒各30克

调味料

食盐3克，鸡精2克，花生油适量

制作方法

1. 将南瓜去皮，洗净，切成片；百合洗净，入沸水中焯水，捞出再放入凉水中过凉；青椒、红椒洗净切片。

2. 炒锅置于大火上，加入适量油烧热，放入南瓜片爆炒，再放入百合、青椒片、红椒片一起翻炒至熟。

3. 加入食盐和鸡精调味，起锅装盘即可。

椒烧南瓜

材料

南瓜500克

调味料

红油15毫升，干红辣椒5个，花生油、食盐、鸡精、葱花各适量

制作方法

1. 南瓜去皮洗净，切滚刀块；干红辣椒洗净，切段。

2. 炒锅上火入花生油，油热后先放入干红辣椒段爆香，再放入南瓜块炒匀。

3. 加少量水，放入红油，盖上锅盖焖煮至南瓜熟，再加食盐、鸡精调味，出锅盛盘，撒上葱花即可。

鸡蓉酿苦瓜

材料

苦瓜250克，鸡脯肉200克，辣椒片适量

调味料

葱2根，姜1块，食盐5克，花生油适量

制作方法

① 苦瓜洗净切成段，掏空；鸡脯肉洗净剁成蓉；葱、姜洗净切末后加入鸡蓉中，调入食盐拌匀。

② 锅中注水煮沸，放入花生油和食盐，加入掏空的苦瓜过水焯烫后捞起，再将调好味的鸡蓉灌入苦瓜圈中，装盘。

③ 将盘放入蒸锅中蒸约20分钟至熟，摆好辣椒片作装饰即可。

苦瓜牛柳

材料

牛柳200克，苦瓜150克，红椒3克

调味料

食盐，味精2克，老抽、香油各10毫升

制作方法

① 牛柳洗净，切成片，放入食盐、老抽腌15分钟；苦瓜洗净，去瓤，改刀后放入开水中烫熟；红椒洗净，切片。

② 油锅烧热，放入牛柳滑熟，捞出；油锅烧热，下苦瓜、红椒稍炒。

③ 再加入牛柳炒匀，加入食盐、味精、香油调味，盛盘即可。

双椒炒茄子

材料

茄子300克，青、红椒各50克

调味料

食盐3克，鸡精2克，老抽、花生油各适量

制作方法

1. 茄子去蒂洗净，切块；青椒、红椒均去蒂洗净，切段。
2. 净锅注油烧热，放入茄子煸炒片刻，再放入青椒、红椒略炒，加入食盐、鸡精、老抽炒匀，加入适量清水烧至汤汁收干，起锅盛入煲内即可。

豆腐丝拌黄瓜

材料

豆腐丝200克，嫩黄瓜200克

调味料

姜10克，蒜15克，食盐5克，白糖3克，香油10毫升，白醋适量，味精2克

制作方法

1. 将豆腐丝切大段，入开水中焯一下，捞出沥水后装入盘中；姜去皮，洗净切粒，蒜去皮，洗净切粒。
2. 黄瓜洗净，用凉开水冲后切成丝，放入碗中，加少许食盐拌匀，腌10分钟后沥去水分，放在豆腐丝上面。
3. 撒上姜粒、蒜粒，倒入白糖、白醋、香油、味精拌匀即可。

彩椒茄子

材料

茄子200克，红甜椒、黄甜椒、胡萝卜、黄瓜各40克

调味料

葱末、姜末、蒜末、水淀粉、花生油各适量，老抽5毫升，白糖5克，食盐3克

制作方法

1. 茄子、红甜椒、黄甜椒、胡萝卜、黄瓜分别洗净，切小丁。
2. 锅中注油烧热，下入茄丁煎至金黄色，捞出。
3. 锅留底油烧热，先用葱、姜、蒜末炝锅，放入胡萝卜丁煸炒，再放入红甜椒丁、黄甜椒丁和黄瓜丁炒匀，最后放入茄丁，加入老抽、白糖、食盐调味，炒熟后用水淀粉勾芡即可。

鱼香茄子

材料

茄子300克，泡红椒20克

调味料

味精2克，食盐3克，白糖5克，白醋5毫升，料酒8毫升，花生油、水淀粉、葱末、姜末、蒜末各适量

制作方法

1. 茄子洗净去皮，切成粗条。
2. 将茄子下入油锅中炸熟。
3. 锅中注油烧热，放入泡红椒煸香，加入料酒，放入姜末、蒜末、茄子炒匀，再调入白糖、味精、食盐、白醋、葱末炒匀，最后用水淀粉勾芡即可。

醋熘西葫芦

材料

西葫芦500克，红尖椒1个

调味料

食盐5克，味精3克，香油、生抽、白醋各10毫升

制作方法

❶ 将西葫芦、红尖椒洗净，改刀，入水中焯熟，捞出沥去水分。

❷ 把调味料和白醋一起放入碗中，调成味汁，均匀地淋在西葫芦和红尖椒上即可。

松仁炒西葫芦

材料

西葫芦500克，松仁25克，胡萝卜15克

调味料

食盐3克，鸡精、花生油各适量

制作方法

❶ 将西葫芦洗净，切块；松仁洗净；胡萝卜洗净，切片。

❷ 热锅下油，下入西葫芦块翻炒至六成熟，再下入松仁、胡萝卜片同炒至熟，调入食盐、鸡精翻炒均匀即可。

拌冬瓜

材料

冬瓜100克，红、青椒各50克

调味料

食盐2克，白醋1毫升，香油少许

制作方法

❶ 冬瓜去皮，洗净，切薄片；红、青椒均去蒂，洗净切片。

❷ 净锅注水烧沸，放入冬瓜和红、青椒焯熟，捞出入盘。

❸ 调入食盐、白醋、香油拌匀即可。

虾皮西葫芦

材料

西葫芦300克，虾皮50克

调味料

食盐3克，老抽适量

制作方法

① 西葫芦洗净，切片；虾皮洗净。

② 锅中加水烧沸，放入西葫芦焯烫片刻，捞起沥干水。

③ 净锅注油烧热，放入虾皮炸至呈金黄色，捞起。

④ 锅中留少量油，倒入西葫芦和虾皮翻炒，再调入老抽和食盐，炒匀即可。

西葫芦肉片

材料

西葫芦200克，猪瘦肉80克，胡萝卜15克

调味料

花生油2.5毫升，食盐、香油各适量

制作方法

① 西葫芦洗净，去皮，切片；胡萝卜洗净，去皮，切片；猪瘦肉洗净，切片，备用。

② 油锅烧热，放入肉片，待肉片炒熟后，放入西葫芦和胡萝卜炒至软，再加入食盐调味，淋上香油即可。

西葫芦炒肉

材料

西葫芦300克，猪瘦肉100克

调味料

食盐5克，淀粉10克，鸡精4克，姜5克，花生油适量

制作方法

① 将西葫芦去外皮，洗净，切片；姜洗净，切片。

② 猪瘦肉洗净，切片，放入淀粉，拌匀，稍腌一会儿。

③ 锅中烧热油，下入西葫芦片、肉片、姜片翻炒，再加入剩余调味料炒至入味即可。

04

野菜类

　　本章主要介绍的是野菜的做法。野菜最好是现做现吃，放久的野菜不但不新鲜，而且营养成分会减少，味道也会变差。下面一起来学习制作美味的野菜吧！

凉拌香椿

材料

香椿50克

调味料

食盐、味精各2克，陈醋、老抽、香油各2毫升，油辣椒3克，白糖4克

制作方法

❶ 香椿洗净切成小段。

❷ 香椿入锅焯水，捞出晾凉。

❸ 盘内放入香椿、食盐、味精、白糖、陈醋、老抽、油辣椒、香油、熟辣椒粉，拌匀即可。

香椿炒蛋

材料

香椿200克，鸡蛋3个

调味料

食盐5克，味精3克，花生油适量

制作方法

❶ 香椿洗净，切成小段。

❷ 鸡蛋打散，搅匀备用。

❸ 锅中加油烧热，倒入鸡蛋炒熟后，放入香椿稍炒，再加入调味料炒匀即可。

笋丝鱼腥草

材料

鱼腥草200克，青笋丝50克

调味料

食盐、味精、蒜粒、白糖各5克，姜末6克，陈醋15毫升，辣椒油10毫升

制作方法

❶ 鱼腥草洗净，青笋洗净切丝。

❷ 将各调味料放入碗中搅匀成味碟。

❸ 将鱼腥草、青笋丝放入味碟中搅匀装盘。

凉拌折耳根

材料

折耳根200克

调味料

食盐、味精、炒辣椒粉各2克，陈醋、生抽、香油各2毫升，白糖4克，油辣椒3克

制作方法

1. 折耳根洗干净，切成小段。
2. 将折耳根放入盆内，加入食盐、味精、白糖、陈醋、生抽。
3. 待入味后放入油辣椒、香油装盘，撒上炒辣椒粉即可。

上汤天绿香

材料

天绿香400克，猪瘦肉200克，鸡蛋1个

调味料

食盐3克，鸡精、白糖各2克，花生油15毫升

制作方法

1. 天绿香洗净，切段；猪瘦肉剁成肉松；鸡蛋打入碗中，搅匀备用。
2. 净锅置于大火上，放入清水，调入调味料，放入天绿香焯烫，捞出沥干。
3. 净锅上火，烧热油，加入肉松炒香，加入少许清水，待水沸，调入食盐、鸡精，倒入蛋液，搅成蛋花，浇淋在盛有天绿香的盘里即可。

凉拌鱼腥草

材料

鱼腥草350克，红椒20克

调味料

食盐6克，味精3克，香油、醋各10毫升

制作方法

1. 将鱼腥草洗净切成段，红椒洗净切丝。
2. 锅中加水烧开，下入鱼腥草焯透后，捞出装入碗内。
3. 将鱼腥草内加入椒丝和所有调味料一起拌匀即可。

炝拌枸杞苗

材料

枸杞苗500克，枸杞子50克

调味料

食盐4克，味精2克，香油适量

制作方法

❶ 枸杞子用水稍泡后捞出备用；枸杞苗洗净，放入开水中稍烫，捞出沥水。

❷ 将食盐、味精、香油与枸杞子拌匀，淋在枸杞苗上，搅拌均匀，装盘即可。

清炒红薯叶

材料

红薯叶500克

调味料

食盐6克，味精3克，花生油适量

制作方法

❶ 红薯叶择去老根，洗净。

❷ 锅中加水烧沸，放入红薯叶焯烫后，捞出。

❸ 锅中注油烧热，放入红薯叶、食盐、味精炒匀即可。

香炒红薯叶

材料

红薯叶95克

调味料

色拉油3毫升，蒜末、食盐各适量

制作方法

❶ 红薯叶洗净，切成段，放入开水中焯烫至熟；捞起后冲凉备用。

❷ 色拉油入锅，开大火将蒜末略爆香。

❸ 放入红薯叶拌炒，再加适量食盐调味即可。

上汤枸杞叶

材料

枸杞叶200克，猪瘦肉100克，皮蛋1个

调味料

食盐5克，味精3克，花生油适量

制作方法

1. 择取枸杞嫩叶，洗净；猪瘦肉洗净切丝；皮蛋剥壳切粒。
2. 净锅上火，加花生油烧热，放入肉丝、皮蛋粒稍炒后，加入汤汁烧沸。
3. 下入枸杞叶，待汤再沸时，下入食盐、味精调味即可。

蒜蓉天绿香

材料

天绿香300克

调味料

蒜20克，食盐6克，花生油适量

制作方法

1. 天绿香切去尾部老硬部分，洗净。
2. 蒜去皮洗净，剁成蓉，下油锅爆香。
3. 加入天绿香，快速翻炒至熟后，加入食盐炒匀即可。

炝拌蕨菜

材料

蕨菜250克

调味料

芝麻、姜、辣椒粉各5克，香油5毫升，红油10毫升，食盐2克

制作方法

1. 蕨菜用清水泡24小时，中途换水3次；姜洗净切末。
2. 净锅上火，注水适量，待水开后放入蕨菜煮10分钟至蕨菜变软。
3. 取出蕨菜，用凉开水冲洗，将调味料搅拌成糊状，抹在蕨菜上即可。

上汤紫背菜

材料

紫背菜300克，猪瘦肉50克

调味料

大蒜10克，食盐5克，味精4克，胡椒粉、鸡精各3克，花生油适量

制作方法

❶ 紫背菜洗净，择去老叶；猪瘦肉洗净，剁成末；大蒜去皮。

❷ 锅中入水烧沸，下入少许食盐、花生油，入紫背菜焯烫后捞出装盘。

❸ 将大蒜、肉末炒香，下入汤、调味料煮开，淋在紫背菜上即可。

草头圈子

材料

草头（学名苜蓿）500克，猪大肠400克

调味料

花生油100毫升，老抽50毫升，糖50克，绍酒、白酒各20毫升，姜1块，小葱1根，食盐2克，芡粉适量

制作方法

❶ 猪大肠洗净后焯水，切段；草头洗净后待用。

❷ 在大肠中放入调味料，焖约半小时；草头煸炒后装盘。

❸ 将焖好的大肠放于草头上即可。

银鱼上汤马齿苋

材料

银鱼100克，马齿苋200克

调味料

食盐5克，味精6克，上汤适量

制作方法

❶ 马齿苋、银鱼均洗净。

❷ 将马齿苋下入沸水中稍焯后捞出装入碗中。

❸ 将银鱼炒熟，加入上汤、调味料淋在马齿苋上即可。

上汤益母草

材料

益母草300克，猪瘦肉15克，红椒1个

调味料

大蒜10克，食盐5克，味精4克，鸡精3克，上汤、花生油各适量

制作方法

① 益母草去根洗净，大蒜去皮，红椒切块。

② 猪瘦肉洗净，剁碎；大蒜炸香；益母草入沸水中焯烫，捞出装盘。

③ 净锅注油，油热倒入瘦肉炒香，放入大蒜、红椒、上汤及其他调味料，淋在益母草上即可。

凉拌贡菜

材料

干贡菜100克，青椒1/2个，红椒1/2个

调味料

陈醋、花生油各5毫升，辣椒油、麻油各3毫升，食盐、白糖、味精、鸡精各2克，辣椒酱3克

制作方法

① 将干贡菜洗净后放在温水中泡30分钟，青椒、红椒洗净，切成丝。

② 将泡开的贡菜放入水中煮15分钟，捞出沥干水分；青椒丝、红椒丝用开水稍稍烫过。

③ 将贡菜加入青椒丝、红椒丝和所有调味料，拌匀即可。

清炒草头

材料

草头（学名苜蓿）300克

调味料

食盐3克，味精2克，花生油适量

制作方法

① 将草头择去黄叶，洗净，沥干水分。

② 锅中注油烧热，放入草头快速翻炒。

③ 待草头略变色后，加入食盐、味精炒匀即可。

上汤草头

材料

草头（学名苜蓿）350克，猪瘦肉200克

调味料

姜10克，食盐4克，鸡精3克

制作方法

① 将草头去黄叶，洗净。

② 猪瘦肉洗净，切成肉末；姜洗净，切成块。

③ 将瘦肉、姜块放入锅中，加适量水，用大火煮开，加入草头，再加入食盐、鸡精调味即可。

麻油沙葱

材料

沙葱300克，花生仁40克，红椒20克

调味料

食盐3克，味精1克，白醋6毫升，香油10毫升

制作方法

① 沙葱洗净；花生仁洗净，用油炸熟后待用；红椒洗净，切丝。

② 锅内注水烧沸，放入沙葱、红椒丝焯熟，捞起沥干，再放入炸熟的花生仁，加调味料拌匀即可。

拌水芹菜

材料

水芹菜200克，大葱、熟芝麻各20克

调味料

食盐3克，味精1克，白醋8毫升，辣椒油15毫升

制作方法

1. 水芹菜洗净，切段；大葱洗净，切丝。
2. 锅内注水烧沸，放入水芹菜、大葱，焯熟后装入盘中。
3. 加入食盐、味精、白醋、辣椒油与熟芝麻拌匀即可。

蒜蓉马齿苋

材料

马齿苋200克

调味料

蒜10克，食盐5克，味精3克，花生油适量

制作方法

1. 马齿苋洗净；蒜去皮洗净，剁成蓉。
2. 将马齿苋倒入沸水中稍焯后捞出。
3. 锅中注油烧热，放入蒜蓉爆香，再放入马齿苋、食盐、味精炒匀即可。

香辣桔梗

材料

桔梗150克

调味料

熟芝麻适量，大蒜、辣椒粉各5克，香油5毫升，食盐、味精各2克

制作方法

1. 密封罐中放入半罐凉开水，将桔梗放入，泡24小时，其间换三次水；大蒜去皮，洗净，切成末备用。
2. 将桔梗取出，用凉开水冲洗干净。
3. 将桔梗一根根撕开，装入碗中，再放入蒜末、熟芝麻和调味料，搅拌均匀即可。

香油一点红

材料

一点红300克

调味料

食盐5克，味精3克，香油30毫升

制作方法

1 一点红择去老叶、黄叶，去根蒂，洗净。

2 净锅上火，加水烧沸，倒入一点红稍焯后，捞出入冷水中浸凉。

3 将一点红装入碗中，倒入香油，加入食盐、味精，拌匀即可。

花沟贡菜

材料

贡菜50克

调味料

食盐5克，味精、糖各3克，麻油少许

制作方法

1 贡菜泡发，改刀焯水至熟。

2 将食盐、味精、糖、麻油制成味汁。

3 调味汁淋入贡菜内，装盘即可。

炒双椒

材料

青椒、红椒各200克

调味料

食盐3克，鸡精2克，花生油适量

制作方法

1 青椒、红椒均去蒂洗净，切丝。

2 净锅注油烧热，放入青椒、红椒大火快炒，加入食盐、鸡精调味，炒熟装盘即可。

贡菜鸡胗

材料

贡菜150克，冻鸡胗50克

调味料

食盐5克，麻油15毫升，鸡精5克，胡椒粉3克，香油10毫升

制作方法

① 贡菜泡发，过沸水后冷却，切成小段；鸡胗过沸水，煮熟后冷却。

② 贡菜、鸡胗加除香油外的调味料拌匀。

③ 淋上香油即可。

如意蕨菜蘑

材料

蕨菜100克，蘑菇、鸡脯肉丝、胡萝卜、白萝卜各50克

调味料

食盐、味精、花椒油、水淀粉、花生油、葱丝、姜丝、料酒、蒜片、鲜汤各适量

制作方法

① 蕨菜择洗干净，切成小段；蘑菇洗净切片；鸡脯肉丝用温热油滑熟。

② 锅内放油烧热，用葱丝、姜丝、蒜片炝锅，放入蕨菜段煸炒，入鸡脯肉丝、鲜汤及食盐、味精、花椒油、料酒，汤沸后用水淀粉勾芡，淋上明油，出锅盛在盘上即可。

贡菜炒鸡丝

材料

鸡脯肉200克，贡菜150克，红椒1个

调味料

姜5克，食盐3克，味精2克，胡椒粉1克，花生油适量

制作方法

❶ 鸡脯肉洗净，切丝；贡菜洗净；红椒洗净，切丝；姜切末。

❷ 将贡菜入沸水中稍焯后，捞出。

❸ 锅注油烧热，将鸡丝入油锅中滑开，再加入贡菜炒熟后，加入其他调味料拌匀装盘即可。

拌山野蕨菜

材料

山野蕨菜200克

调味料

食盐3克，味精2克，香油3毫升，料油8毫升，白糖、蒜末各5克，生抽、白醋各2毫升

制作方法

❶ 将山野蕨菜浸泡24小时后，用开水烫一下。

❷ 待凉后，加入食盐、味精、白糖、白醋，同葱一起腌24小时。

❸ 再加入其他调味料拌匀即可。

蕨菜炒腊肉

材料

蕨菜200克，腊肉100克，红辣椒1个

调味料

食盐5克，鸡精4克，老干妈辣酱10克，花生油适量

制作方法

❶ 将蕨菜洗净，切成段；辣椒洗净，切成片；腊肉洗净，切成薄片。

❷ 锅中注油烧热，炒香辣椒，放入蕨菜、腊肉、调味料，炒至入味即可。

炝炒蕨菜

材料

蕨菜400克，干红辣椒50克

调味料

食盐5克，花生油3克，葱15克

制作方法

1. 蕨菜洗净，切段；葱择洗净，切葱花；干红辣椒切段。
2. 花生油在微波炉中预热2分钟，放入干红辣椒段爆香。
3. 加入蕨菜继续在微波炉中加热3分钟，加入食盐，撒上葱花即可。

清炒龙须菜

材料

龙须菜400克

调味料

食盐5克，味精、水淀粉各3克，花生油适量

制作方法

1. 龙须菜切去尾部，洗干净后切段。
2. 锅中注水烧沸，放入龙须菜焯烫片刻，捞出沥干水分。
3. 锅中倒入少许花生油，放入龙须菜、调味料炒匀，再用水淀粉勾芡装盘即可。

辣拌山野桔梗

材料

桔梗250克

调味料

蒜3瓣，味精1克，白醋3毫升，辣椒油5毫升，食盐、白糖、辣椒粉各2克

制作方法

1. 将桔梗洗净；蒜去皮洗净，剁成蓉。
2. 用温水将桔梗泡开，撕成小条装入盘中。
3. 将食盐、味精、白糖、白醋、蒜蓉、辣椒油、辣椒粉放入盘中，与桔梗拌匀即可。

蒜蓉紫背菜

材料

紫背菜400克

调味料

大蒜20克，盐6克，味精5克

制作方法

❶ 紫背菜洗净；大蒜去皮，剁成蓉。

❷ 锅中加水烧沸，下入紫背菜汆烫后捞出沥水。

❸ 锅中放油，炝香蒜蓉，下入紫背菜、调味料炒匀即可。

紫苏炒瘦肉

材料

紫苏叶50克，猪里脊肉150克

调味料

嫩姜10克，葱1根，食盐5克，老抽、花生油、淀粉各适量

制作方法

❶ 葱洗净切段；姜洗净切丝；猪里脊肉洗净，切成薄片。

❷ 紫苏叶洗净；肉片加入老抽、淀粉腌10分钟。

❸ 净锅注油，烧热后爆香姜、葱，加入肉片翻炒至变色后，再加入紫苏叶快炒几下，调味装盘即可。

紫苏叶卷蒜瓣

材料

紫苏叶150克，蒜瓣200克

调味料

食盐2克，味精2克，老抽5毫升，白糖3克，香油3毫升

制作方法

❶ 紫苏叶、蒜瓣洗净后沥干水分。

❷ 在水中加入食盐、白糖制成糖盐水，将紫苏叶、蒜瓣在其中泡30分钟，中间换3次水，取出沥干水分。

❸ 把蒜瓣一个一个地卷在紫苏叶中，食用时蘸取用味精、老抽、香油调匀的调味料即可。

清炒春菊

材料

春菊50克

调味料

食盐5克，味精3克，料酒10毫升，花生油适量

制作方法

❶ 将春菊择洗干净，改刀成8～10厘米的段。

❷ 炒锅上火，放入花生油，放入春菊煸炒，再加入食盐、味精、料酒，翻炒至熟即可。

菊花脑猪肝汤

材料

菊花脑200克，生猪肝150克

调味料

生姜10克，食盐5克，味精3克，鸡精2克，香油6毫升，花雕酒8毫升，高汤适量，胡椒粉、淀粉各4克

制作方法

❶ 菊花脑洗净，猪肝洗净切片，生姜洗净切丝。

❷ 猪肝片用适量食盐、淀粉腌渍5分钟。

❸ 净锅上火，倒入高汤烧开后，放入菊花脑、其他调味料、猪肝，煮5分钟即可。

春菊肉片汤

材料

春菊300克，生猪肉200克

调味料

姜10克，食盐5克，味精、鸡精各3克，胡椒粉1克

制作方法

❶ 春菊洗净，取嫩叶；生猪肉洗净，切片；姜去皮洗净，切片。

❷ 煲中放水，放入姜片、猪肉，盖上盖子煲40分钟。

❸ 春菊放入煲内，加调味料即可。

葱油万年青

材料

万年青500克

调味料

葱油20毫升，食盐、味精各3克，香油10毫升

制作方法

1. 将万年青洗净，切好，放入沸水中焯熟，捞出沥干水，装盘晾凉。
2. 把调味料一起放入碗内，调成调味汁，均匀地淋在盘中的万年青上面即可。

豆干炝拌万年青

材料

万年青、豆干各150克，红椒50克

调味料

白醋、香油各15毫升，食盐、味精各3克

制作方法

1. 万年青、豆干、红椒均洗净，切菱形片，入开水锅中焯水后取捞出沥干。
2. 加入白醋、香油、食盐、味精拌匀即可。

老醋西湖莼菜

材料

西湖莼菜350克，芹菜10克，熟芝麻、辣椒各5克

调味料

醋20毫升，食盐适量

制作方法

1. 西湖莼菜洗净，切段，入沸水中焯熟；芹菜洗净切末；辣椒去蒂、去籽，洗净切粒；将芹菜末、辣椒粒与熟芝麻一起撒在莼菜上。
2. 醋与食盐拌匀，淋在莼菜上即可。

万年常青

材料

万年青500克

调味料

食盐4克，老抽8毫升，香油适量

制作方法

① 万年青洗净备用。

② 将万年青放入开水中焯烫，捞出，沥干水分，切段。

③ 将万年青放入一个容器内，加食盐、老抽、香油搅拌均匀，装盘即可。

清炒婆婆丁

材料

婆婆丁（学名蒲公英）300克

调味料

食盐5克，味精3克，花生油适量

制作方法

① 婆婆丁洗净，去黄叶。

② 将锅中水烧沸，放入婆婆丁焯透，捞出。

③ 锅中放油烧热，放入婆婆丁、食盐、味精炒匀即可。

婆婆丁猪肉汤

材料

婆婆丁（学名蒲公英）200克，猪肉100克

调味料

生姜、食盐、鸡精各5克，味精、胡椒粉各3克

制作方法

① 婆婆丁洗净；生猪肉洗净，切块；姜洗净，切片。

② 猪肉放入开水中焯去血水，捞出洗净。

③ 锅中放水，放入姜片、猪肉煮30分钟，再放入婆婆丁、调味料煮5分钟即可。

05

豆类

　　豆类食物既美味又营养，含有丰富的蛋白质、钙、锌、铁、磷、糖类、膳食纤维、卵磷脂等营养成分，对身体大有裨益。此外，豆类食物还含有丰富的植物雌激素，常吃不仅可以增加营养，还能提神健脑、美容养颜、增强免疫力。那么豆类食物该如何烹饪呢？下面介绍的各种烹饪方法都很简单，相信您一学就会！

家乡豆角

材料

豆角180克，红椒5克

调味料

食盐3克，味精2克，老抽、红油各10毫升

制作方法

❶ 豆角去筋，洗净，切成小段，放入开水中烫熟，沥干水分，装盘。

❷ 红椒洗净，切成丝，放入水中焯一下，放在豆角上。

❸ 将食盐、味精、老抽、红油调匀，淋在豆角上即可。

拌豆角

材料

豆角200克，红椒50克，蒜蓉30克

调味料

食盐3克，花生油适量

制作方法

❶ 将豆角洗净，切段，入沸水锅中焯水至熟，摆盘；红椒洗净，切条。

❷ 净锅注油烧热，倒入蒜蓉和红椒炒香，加适量食盐调成味汁，起锅倒在豆角上即可。

凉拌豆角

材料

豆角400克，胡萝卜80克，干红辣椒10克

调味料

蒜蓉、食盐、鸡精、花生油、香油各适量

制作方法

❶ 将豆角洗净，切段，入沸水锅中焯水至熟，装盘；胡萝卜洗净，切小段，焯水，装盘；干红辣椒洗净，切段。

❷ 炒锅注油烧热，放入干红辣椒和蒜蓉爆香，起锅倒在装有豆角和胡萝卜的盘中，加香油、食盐和鸡精搅拌均匀即可。

豆角豆干

材料

豆角150克，豆干100克

调味料

蒜4瓣，葱1根，姜3克，熟芝麻5克，花生油15毫升，生抽5毫升，白醋适量，食盐2克，辣椒油8毫升

制作方法

1. 豆角去头和尾，洗净，切长段；豆干略洗，切条；蒜、葱去皮，洗净，切末。
2. 锅内放入水烧沸，放入豆角、豆干过水后捞出，沥水。
3. 锅内放入花生油烧热，爆香姜末、蒜末，盛出，加入生抽、食盐、辣椒油、熟芝麻、白醋，拌匀，做成调味料供蘸食即可。

姜汁豆角

材料

豆角300克

调味料

姜1块，蒜2瓣，葱1根，食盐2克，花生油10毫升，老抽2毫升，红油5毫升，生抽2毫升

制作方法

1. 豆角去头尾，洗净，切长段；姜、蒜去皮，洗净，切末；葱洗净，切葱花。
2. 锅内加水，加入少许食盐，烧沸，将切好的豆角放入沸水中，焯烫至七成熟时，捞出沥水，装入盘中。
3. 锅内放油烧热，放入蒜、姜末炒香，盛出，调入食盐、红油、生抽、老抽拌匀，做成调料与豆角拌匀即可。

榄菜拌豆角

材料

豆角350克，橄榄菜100克

调味料

食盐3克，鸡精1克，香油5毫升

制作方法

① 豆角去头尾洗净，切成长度相等的段，入沸水锅中焯水，捞出装盘待用。

② 净锅注油烧热，倒入橄榄菜炒香，加食盐和鸡精调味，倒在豆角上，最后加入香油搅拌均匀即可。

菊花豆角

材料

豆角300克，菊花100克

调味料

食盐3克，鸡精1克

制作方法

① 豆角洗净，斜切成段，入沸水锅中焯水后捞出，摆盘；菊花洗净，焯水，捞出摆盘。

② 加食盐和鸡精调味，倒在豆角上。

豆腐皮拌豆芽

材料

豆腐皮300克，绿豆芽200克，甜椒30克

调味料

食盐4克，味精2克，生抽8毫升，香油适量

制作方法

① 豆腐皮、甜椒洗净，切丝；绿豆芽洗净，掐去头尾备用。

② 将备好的材料放入开水中稍烫，捞出，沥干水分，放入容器内。

③ 将食盐、味精、生抽、香油搅拌均匀，装盘即可。

风味豆角

材料

豆角400克，红椒50克

调味料

食盐、味精各3克，香油适量

制作方法

❶ 豆角洗净，切成长短均匀的长条；红椒洗净，切长片。

❷ 将豆角和红椒同入开水锅中焯水后，捞出沥干。

❸ 调入食盐、味精、香油，拌匀装盘即可。

香油豆角

材料

豆角200克，红椒15克，蒜蓉10克

调味料

食盐3克，香油5毫升，花生油适量

制作方法

❶ 将豆角洗净，切成段，焯水后捞出装盘；红椒洗净，切丝。

❷ 净锅入油烧热，放入蒜蓉和红椒爆香，加入食盐和香油，倒在豆角上即可。

蒜香豆角

材料

豆角500克，红辣椒30克

调味料

香油10毫升，食盐3克，味精3克，蒜30克，花生油适量

制作方法

❶ 豆角洗净，切成长段，放入开水中焯至断生，捞起沥干水分，打结，装盘。

❷ 蒜去衣洗净，剁成蒜泥；红辣椒洗净，切成椒圈。

❸ 锅烧热下油，放入红辣椒、蒜泥炝香，盛出，与其他调味料拌匀，淋在豆角上即可。

黄豆芽拌荷兰豆

材料

黄豆芽100克，荷兰豆80克，菊花瓣10克，红椒适量

调味料

食盐各3克，味精1克，生抽、香油各10毫升

制作方法

❶ 黄豆芽掐去头尾，洗净，放入沸水中焯一下，沥干水分，装盘；荷兰豆洗净，放入开水中烫熟，切成丝，装盘。

❷ 菊花瓣洗净，放入开水中焯一下；红椒洗净，切丝。

❸ 将食盐、味精、生抽、香油调匀，淋在黄豆芽、荷兰豆上拌匀，撒上菊花瓣、红椒丝即可。

荷兰豆煎藕饼

材料

莲藕250克，猪瘦肉200克，荷兰豆50克

调味料

食盐3克，味精1克，白糖3克，花生油适量

制作方法

❶ 莲藕去皮洗净，切成连刀块。

❷ 猪瘦肉洗净剁成末，拌入调味料；荷兰豆去筋，焯水。

❸ 将猪肉馅放入藕夹中，入锅煎至金黄色，装盘，再摆上荷兰豆即可。

凉拌绿豆芽

材料

绿豆芽200克，黄瓜50克

调味料

食盐3克，味精1克，白醋6毫升，生抽8毫升，香油10毫升，红椒适量

制作方法

❶ 绿豆芽洗净；黄瓜洗净，切丝；红椒洗净切丝，用沸水焯一下待用。

❷ 锅内注水烧沸，放入绿豆芽焯熟后，捞起控干并装入盘中，再放入黄瓜丝、红椒丝。

❸ 加入食盐、味精、白醋、生抽、香油拌匀即可。

素拌绿豆芽

材料

绿豆芽250克，青椒、红椒各20克

调味料

食盐3克，鸡精1克，花生油适量

制作方法

❶ 绿豆芽洗净，切长度相等的段，入沸水锅中焯水至熟，捞起沥干，装盘待用。

❷ 青椒和红椒均洗净，切丝。

❸ 净锅注油烧热，放入青椒和红椒爆香，倒在绿豆芽中，加入食盐和鸡精搅拌均匀即可。

辣拌黄豆芽

材料

黄豆芽250克，泡红椒30克

调味料

葱20克，食盐、味精各3克，白醋10毫升

制作方法

❶ 黄豆芽去头尾，洗净，入开水中焯水后捞出，沥干水分。

❷ 葱洗净，切长段；泡红椒洗净，切丝。

❸ 将黄豆芽、泡红椒丝、葱、食盐、味精、白醋一起拌匀即可。

绿豆芽拌豆腐

材料

绿豆芽20克，豆腐70克，小葱20克

调味料

食盐适量

制作方法

❶ 将绿豆芽和小葱切成小段，在沸水中焯熟备用。

❷ 将豆腐切块，用开水烫一下，放入碗中，并用勺研成豆腐泥。

❸ 将所有原料混合在一起，再加食盐拌匀即可。

黄豆芽拌香菇

材料

黄豆芽100克，鲜香菇80克，红椒30克

调味料

食盐3克，味精少许，葱白丝、香菜末各15克，红油适量

制作方法

1. 黄豆芽择洗干净；鲜香菇洗净，去蒂，焯水后切片；红椒洗净，焯水后切丝。
2. 将黄豆芽、香菇、红椒、葱白丝、香菜末同拌，调入食盐、味精拌匀。
3. 淋入红油即可。

香菜辣拌豆芽

材料

黄豆芽350克，香菜50克

调味料

辣椒粉10克，食盐3克，鸡精2克，花生油适量

制作方法

1. 黄豆芽洗净，入沸水锅中焯水，捞起沥干，装盘待用；香菜洗净，切段。
2. 净锅注油烧热，放入辣椒粉炝香，倒入黄豆芽和香菜，加入食盐和鸡精，搅拌均匀即可。

韭菜绿豆芽

材料

韭菜100克，绿豆芽250克

调味料

葱、姜、食盐、味精、花生油、香油各适量

制作方法

1. 绿豆芽洗净，沥水；韭菜择洗干净，切成段；葱、生姜洗净，切成丝。
2. 净锅置于火上，注入花生油，烧热后放入葱丝、姜丝爆香，再放入绿豆芽煸炒几下。
3. 放入韭菜段翻炒均匀，加入食盐、味精、香油调味即成。

炒绿豆芽

材料

绿豆芽500克

调味料

大蒜3瓣，生姜1小块，白醋、老抽各10毫升，食盐2克，味精、花生油各适量

制作方法

❶ 将豆芽洗净，控干水，待用；大蒜、生姜去皮洗净，切片待用。

❷ 热锅入凉油，待油稍热时先用大蒜片和生姜片炝锅，再倒入控好水的绿豆芽炒1分钟。

❸ 加醋炒半分钟，再倒入老抽炒1分钟，快出锅时再加一点白醋，最后调入味精、食盐，稍微炒几下即可。

芹菜黄豆

材料

芹菜100克，黄豆200克

调味料

食盐3克，味精1克，白醋6毫升，生抽10毫升，干红辣椒、花生油各适量

制作方法

❶ 芹菜洗净，切段；黄豆洗净，用水浸泡待用；干红辣椒洗净，切段。

❷ 锅内注水烧沸，分别放入芹菜与浸泡过的黄豆焯熟，捞起沥干，并装入盘中。

❸ 将干红辣椒入油锅中炝香后，加入食盐、味精、白醋、生抽拌匀，淋在黄豆、芹菜上即可。

芥蓝拌黄豆

材料

黄豆200克，芥蓝50克，红辣椒4克

调味料

食盐2克，味精1克，香油5毫升，白醋1毫升

制作方法

① 芥蓝去皮洗净，切成碎段；黄豆洗净备用；红辣椒洗净，切段。

② 锅内注水，大火烧开，把芥蓝放入水中焯熟捞起控干，再将黄豆放入水中煮熟捞出。

③ 黄豆、芥蓝置于碗中，将食盐、白醋、味精、香油、红辣椒段混合调成汁，浇在上面即可。

泡嫩黄豆

材料

黄豆1000克，干红辣椒100克，盐水6000毫升，片糖100克，白酒25毫升，醪糟汁50毫升

调味料

食盐300克，食用碱25克，香料包1个（花椒、八角、小茴香、桂皮各10克）

制作方法

① 黄豆洗净，放入含有碱的开水锅中烫至不能再发芽，捞起，用沸水漂洗后晾凉，用清水泡4天后取出，沥干水分。

② 将盐水、片糖、干红辣椒、白酒、醪糟汁和食盐一并放入坛中，搅拌，使片糖和盐溶化。

③ 放入黄豆及香料包，盖上坛盖，泡制1个月左右即成。

酒酿黄豆

材料

黄豆200克

调味料

醪糟100克

制作方法

❶ 黄豆用水洗好，浸泡8小时后去皮，洗净，捞出待用。

❷ 把洗好的黄豆放入碗中，倒入准备好的部分醪糟，放入蒸锅里蒸熟。

❸ 在蒸熟的黄豆里点入一些新鲜的醪糟即可。

雪里蕻拌黄豆

材料

雪里蕻300克，黄豆100克，红椒适量

调味料

食盐3克，味精1克，白醋8毫升，香油10毫升

制作方法

❶ 雪里蕻洗净，切段；黄豆洗净，泡发。

❷ 锅内注水烧沸，放入雪里蕻与黄豆焯熟后，捞入盘中备用。

❸ 在盘中加入食盐、味精、白醋、香油与红椒拌匀即可。

辣椒拌干黄豆

材料

黄豆300克，青椒、红椒各40克

调味料

食盐、味精、香油各适量

制作方法

❶ 黄豆以温水泡发，入油锅炒至炸开；青椒、红椒均洗净，入沸水中焯水后，切碎片。

❷ 将黄豆，青椒、红椒同拌。

❸ 加入食盐、味精、香油拌匀即可。

菜心青豆

材料

菜心、青豆各200克

调味料

食盐3克，味精2克，香油适量

制作方法

❶ 菜心、青豆洗净备用。

❷ 将菜心放入开水中稍烫，捞出，沥干水分，切小段；青豆在加食盐的开水中煮熟，捞出。

❸ 将上述材料放入容器中，加入食盐、味精、香油搅拌均匀，装盘即可。

枸杞拌青豆

材料

青豆350克，枸杞子50克

调味料

辣椒油10毫升，蒜泥10克，老抽、白醋各5毫升，香葱末5克，食盐3克

制作方法

❶ 青豆、枸杞子洗净，一起放进锅中，加食盐煮熟，盛出装盘。

❷ 锅中倒入辣椒油，放入蒜泥、老抽、白醋炒香，出锅浇在青豆、枸杞子上，再撒上香葱末即成。

青豆拌小白菜

材料

小白菜200克，青豆仁100克，黄甜椒、红甜椒各适量

调味料

食盐3克，味精1克，白醋6毫升

制作方法

❶ 小白菜洗净，撕成片；青豆仁洗净；黄甜椒、红甜椒洗净，切片，用沸水焯熟备用。

❷ 锅内注水烧沸，分别放入青豆仁与小白菜焯熟后，捞起装入盘中。

❸ 加入食盐、味精、白醋拌匀，撒上黄甜椒片、红甜椒片即可。

生菜拌青豆

材料

青豆200克，生菜150克，甜椒50克

调味料

食盐3克，味精2克，生抽8毫升

制作方法

❶ 甜椒洗净，切块；生菜洗净，撕成小块；青豆洗净备用。

❷ 甜椒、生菜放入开水中稍烫，捞出，沥干水分；青豆放在加了食盐的开水中煮熟，捞出。

❸ 将上述材料放入容器中，加入食盐、味精、生抽搅拌均匀，装盘即可。

青豆萝卜干

材料

青豆200克，萝卜干50克，红椒30克

调味料

食盐3克，味精2克，香油10毫升

制作方法

❶ 青豆洗净，放入开水中焯熟，捞起沥干水分，晾凉装盘。

❷ 红椒洗净，切成丁；萝卜干洗净，切成丁，与青豆一起装盘。

❸ 把青豆、红椒、萝卜干与调味料拌匀，装盘即可。

萝卜干拌青豆

材料

萝卜干100克，青豆200克

调味料

食盐3克，味精2克，白醋6毫升，香油10毫升

制作方法

❶ 萝卜干洗净，切小块，用热水稍焯后，捞起沥干待用；青豆洗净。

❷ 锅内注水烧沸，倒入青豆焯熟后，捞起沥干并装入盘中，再放入萝卜干。

❸ 在盘中加入食盐、味精、白醋、香油拌匀即可。

绍兴回味豆

材料

蚕豆300克

调味料

食盐、味精各3克，老抽8毫升，花生油适量

制作方法

❶ 蚕豆洗净，泡发，捞出沥水后，下入油锅中炸至酥脆。

❷ 将炸酥的蚕豆入锅煮至回软。

❸ 加入食盐、味精、老抽拌匀即可。

蒜香蚕豆

材料

蚕豆500克，大蒜10克

调味料

食盐3克，香油5毫升

制作方法

❶ 将蚕豆洗净，倒入沸水中煮熟，捞出装盘。

❷ 大蒜去皮洗净，剁成蓉，与食盐、香油一起拌匀，淋在蚕豆上，拌至蚕豆入味即可。

酸椒拌蚕豆

材料

蚕豆300克，泡红椒20克

调味料

食盐、味精各3克，香油10毫升

制作方法

❶ 蚕豆去外壳，再剥去豆皮，洗净。

❷ 泡红椒洗净，切小粒。

❸ 将蚕豆放入蒸锅内隔水蒸熟，取出晾凉，放入盘内，加入泡红椒、食盐、香油、味精，拌匀即成。

葱香蚕豆

材料

蚕豆600克

调味料

食盐5克，葱20克，花生油适量

制作方法

❶ 蚕豆放入清水中浸泡，捞出后沥干水分；葱洗净，切葱花备用。

❷ 油锅烧热，放入蚕豆，炸熟后捞出沥油，再放入一容器，加入食盐拌匀。

❸ 将葱花和蚕豆搅拌均匀，装盘即可。

酸菜蚕豆

材料

蚕豆200克，酸菜100克

调味料

食盐、花生油、味精、红椒各适量

制作方法

❶ 蚕豆洗净，焯水后捞出；酸菜洗净，切碎；红椒洗净，切小段。

❷ 油锅烧热，加入红椒段炒香，加入酸菜、蚕豆同炒至熟。

❸ 加入食盐、味精炒匀即可。

韭菜炒蚕豆

材料

蚕豆150克，韭菜100克

调味料

食盐5克，味精1克，花生油适量

制作方法

❶ 将韭菜洗干净后切段。

❷ 将蚕豆洗净，放入水中煮熟备用。

❸ 锅中注油烧热，放入蚕豆、韭菜爆炒至熟后调入食盐、味精即可。

香糟青豆

材料

青豆节300克，糟卤500克

调味料

食盐3克，香叶2片，绍酒50毫升

制作方法

❶ 青豆节剪去两端，放入开水中焯烫，捞出后再放入冷水中冲凉备用。

❷ 糟卤、食盐、香叶、绍酒放在一起调均匀。

❸ 将青豆节放入糟卤中，放入冰箱冰2小时即可。

盐水青豆

材料

青豆500克，红尖椒2个

调味料

食盐8克，花椒5克

制作方法

❶ 将青豆洗净，沥去水分，用剪刀剪去两端的尖角（使青豆更好地入味）；红尖椒洗净切丝。

❷ 将剪好的青豆放入锅中，放入花椒、红尖椒和食盐，加清水至与青豆齐平。

❸ 用大火加盖煮20分钟后捞出，凉后即可食用。

红椒荷兰豆

材料

荷兰豆300克，红椒1个

调味料

花生油、葱丝、食盐、味精各适量

制作方法

❶ 荷兰豆摘去两头和两边的老筋，洗净，放入沸水中略焯。

❷ 红椒去蒂、去籽，洗净切丝。

❸ 净锅置于火上，放油烧热，先入葱丝炝锅，再放入荷兰豆快速翻炒，最后调入食盐、味精炒匀，出锅前放入红椒丝即可。

清炒荷兰豆

材料

荷兰豆、山药、藕、南瓜各100克，马蹄4个，圣女果3个

调味料

花生油、葱丝、姜丝、食盐、味精各适量

制作方法

1. 荷兰豆除去两头及老筋，洗净；山药、藕、马蹄、南瓜去皮洗净，切片；将圣女果洗净，切成两半。
2. 油锅上火加热，爆香葱丝和姜丝，放入所有原材料，用大火炒熟，调入食盐和味精即成。

蒜香扁豆

材料

扁豆350克

调味料

食盐2克，蒜泥50克，味精1克，花生油适量

制作方法

1. 扁豆洗净，去掉筋，整条截一刀，入沸水中稍焯。
2. 锅内加入少许油烧热，放入蒜泥煸香，加入扁豆同炒，再放入食盐、味精炒至断生即可。

椒丝扁豆

材料

青椒、红椒各100克，扁豆200克

调味料

食盐4克，味精3克，姜5克

制作方法

1. 扁豆洗净切丝；姜、辣椒切丝。
2. 往锅中注水，烧沸，放入扁豆丝，焯水后捞出。
3. 油烧热，放入姜丝、扁豆、辣椒丝爆炒，调入食盐、味精，炒匀即可。

酸辣芸豆

材料

芸豆150克，黄瓜100克，胡萝卜50克

调味料

红油10毫升，生抽8毫升，白醋5毫升，食盐3克，味精2克，花椒油适量

制作方法

1 芸豆泡发，放入锅中煮熟，装入碗中。

2 黄瓜、胡萝卜洗净，切成滚刀块；将胡萝卜块焯熟后，与黄瓜一起装入芸豆碗中。

3 将所有调料拌匀，淋在芸豆上调味即可。

话梅芸豆

材料

芸豆200克，话梅4颗

调味料

冰糖适量

制作方法

1 芸豆洗净，放入沸水锅中煮熟后捞出。

2 净锅置于火上，加入少量清水，放入话梅和冰糖，熬至冰糖溶化，倒出晾凉。

3 将芸豆倒入冰糖水中，放入冰箱冷藏1小时，待其入味即可。

盐水芸豆

材料

芸豆400克

调味料

食盐2克，味精1克，白醋5毫升，生抽8毫升

制作方法

1 芸豆洗净，用温水浸泡后待用。

2 锅内注水，煮沸，倒入芸豆煮熟后，捞起置于盘中。

3 盘中加入食盐、味精、白醋、生抽拌匀即可。

桂花芸豆

材料

芸豆150克

调味料

桂花蜂蜜、白糖各适量

制作方法

❶ 芸豆以温水泡发，放入沸水锅中煮熟后捞出。

❷ 在桂花蜂蜜中加白糖调匀，再将芸豆投入其中腌渍1小时即可。

蜜汁芸豆

材料

芸豆300克

调味料

白糖20克，蜂蜜20毫升

制作方法

❶ 芸豆洗净，用温水浸泡待用。

❷ 锅内注水烧沸，放入芸豆煮熟后，捞起装入碗中。

❸ 加入白糖、蜂蜜腌制20分钟，倒入盘中即可。

蜂蜜芸豆

材料

芸豆200克，黄瓜50克

调味料

白糖5克，香油、蜂蜜各适量

制作方法

❶ 芸豆泡发洗净备用；黄瓜洗净，切片。

❷ 将芸豆焯水后，捞出沥干，放入蒸锅内蒸熟后取出，再加入白糖、香油、蜂蜜拌匀，最后将切好片的黄瓜摆盘即可。

06

块根类

　　块根类蔬菜包括白萝卜、胡萝卜、莲藕、土豆、芋头、洋葱等多种食材。本章介绍了块根类蔬菜的多种做法，简单易学，教您在家轻松烹调出营养又美味的食物。

辣拌白萝卜

材料

白萝卜300克，红椒、青椒各10克

调味料

食盐3克，白醋、红油各适量

制作方法

❶ 白萝卜去皮洗净，切丝；红椒、青椒均去蒂洗净，切丝。

❷ 锅内注水烧开，分别将白萝卜、红椒、青椒焯水后，捞出沥干装盘。

❸ 加入食盐、红油、白醋，一起拌匀即可。

开胃萝卜皮

材料

心里美萝卜400克，青椒50克，花生仁50克

调味料

食盐3克，白醋10毫升，香油15毫升，花生油适量

制作方法

❶ 心里美萝卜洗净，取皮，切大片；青椒洗净切圈，与萝卜皮一同入开水中焯一下后捞出沥干装入碗中。

❷ 花生仁入油锅炸熟待用。

❸ 将香油、白醋、食盐、油炸花生仁加入碗中拌匀即可。

清爽白萝卜

材料

白萝卜400克，泡青椒2个，泡红椒50克

调味料

食盐、味精各3克，白醋、香油各适量

制作方法

❶ 白萝卜去皮，洗净，切片。

❷ 将泡青椒、泡红椒、白醋、香油、食盐、味精加适量水调成味汁。

❸ 将白萝卜置于味汁中浸泡1天，摆盘即可。

虾米白萝卜丝

材料

虾米50克，白萝卜350克

调味料

生姜1块，红椒1个，料酒10毫升，食盐5克，鸡精2克，花生油适量

制作方法

❶ 虾米泡胀；白萝卜洗净切丝；生姜洗净切丝；红椒洗净，切小片待用。

❷ 炒锅置于火上，加水烧开，倒入白萝卜丝焯水后沥干水分。

❸ 炒锅上火，加入花生油，倒入白萝卜丝、红椒片、虾米，放入调味料，炒匀出锅装盘即可。

风味白萝卜皮

材料

白萝卜500克，红椒1个

调味料

大蒜30克，小米椒20克，生抽200毫升，陈醋300毫升，食盐30克，白糖50克，葱花10克，香油适量

制作方法

❶ 红椒切粒；白萝卜洗净取皮，切块，用食盐腌渍2小时，再用水将盐冲净；蒜去皮洗净拍碎；小米椒切碎，与生抽、陈醋、食盐、白糖拌匀，装坛，加凉开水，将洗净的萝卜皮放入腌泡1天，取出装盘。

❷ 将香油烧热，浇在盘中，再撒入葱花、红椒粒即可。

农家白萝卜皮

材料

白萝卜300克，红椒30克

调味料

食盐3克，味精1克，白醋8毫升，生抽10毫升，葱适量

制作方法

❶ 白萝卜洗净，去皮切片；葱洗净，切葱花；红椒洗净，切圈。

❷ 锅内注水烧沸，放入萝卜皮焯一下后，捞起沥干水分并装入盘中。

❸ 用食盐、味精、白醋、生抽调成汁，浇在萝卜皮上面，再撒上红椒圈、葱花即可。

香菜胡萝卜丝

材料

胡萝卜500克，香菜20克

调味料

食盐4克，味精2克，生抽8毫升，香油适量

制作方法

❶ 胡萝卜洗净，切丝；香菜洗净，切段备用。

❷ 将胡萝卜丝放入开水中稍烫，捞出，沥干水分，放入容器中。

❸ 在胡萝卜丝中加入香菜、食盐、味精、生抽、香油搅拌均匀，装盘即可。

拌胡萝卜丝

材料

胡萝卜200克，香菜20克，熟芝麻适量

调味料

食盐、味精各3克，香油适量

制作方法

❶ 胡萝卜洗净，切丝；香菜洗净，切段。

❷ 将胡萝卜丝入开水锅中焯水后捞出沥干。

❸ 将香菜和胡萝卜同拌，再调入食盐、味精、香油拌匀，撒上熟芝麻即可。

糖醋心里美

材料

心里美萝卜800克

调味料

白糖15克，白醋15毫升

制作方法

❶ 心里美萝卜去皮，洗净切细丝备用。

❷ 将心里美萝卜丝沥干水分，装入一个容器中，调入白糖、白醋。

❸ 拌匀后腌渍5分钟装盘即可。

水晶白萝卜

材料

白萝卜150克，青椒5克，黄甜椒3克

调味料

食盐、味精各5克，生抽10毫升，白醋5毫升

制作方法

❶ 白萝卜洗净，去皮，切成段。

❷ 食盐、白醋、味精加清水调匀，放入放萝卜的容器中腌渍3个小时，捞出，盛盘。

❸ 将生抽淋在萝卜上即可。

拌水萝卜

材料

小水萝卜350克

调味料

大蒜5克，芝麻酱2克，葱5克，花生油适量

制作方法

❶ 水萝卜洗净，切开，下入沸水中焯水后，捞出装盘；大蒜去皮洗净，剁成蓉；葱洗净，切葱花。

❷ 锅中加油烧热，将蒜蓉、芝麻酱炒香后，淋在水萝卜上拌匀，再撒上葱花即可。

甘蔗胡萝卜

材料

胡萝卜250克，马蹄250克，甘蔗50克

调味料

食盐适量

制作方法

❶ 将胡萝卜洗净，去皮，切厚片；马蹄去皮，洗净，切两半；甘蔗削皮，斩段后剖开。

❷ 将全部原料放入锅内，加水煮沸，用小火炖1～2小时。

❸ 炖好后盛盘即可。

珊瑚萝卜

材料

白萝卜200克，胡萝卜100克

调味料

食盐、白糖、白醋各适量

制作方法

❶ 用白糖、白醋、食盐加适量清水，烧开，熬成酸甜味汁，待凉。

❷ 白萝卜、胡萝卜均洗净，切长条，同入沸水中焯水后捞出。

❸ 将萝卜条倒入味汁中，腌泡4小时即成。

胡萝卜拌粉丝

材料

胡萝卜400克，粉丝150克

调味料

白醋、食盐、味精、蒜泥、花生油、香油各适量

制作方法

❶ 胡萝卜洗净切丝。

❷ 粉丝泡好备用。

❸ 净锅注油烧热，放入胡萝卜丝和粉丝炒好，再加入白醋、味精、蒜泥、香油和食盐调味，拌匀装盘即可。

椒盐土豆丝

材料

土豆2个

调味料

椒盐5克，葱10克，花生油适量

制作方法

① 土豆去皮洗净，切丝，漂水待用；葱洗净，切段。

② 炒锅置于火上，倒入花生油烧至七八成热，再倒入土豆丝炸至呈金黄色，撒上椒盐、葱段炒匀，出锅装盘即成。

玉米笋炒芦笋

材料

芦笋400克，玉米笋200克

调味料

蒜末、姜汁、料酒、食盐、白糖、花生油、水淀粉各适量

制作方法

① 芦笋洗净，切段；玉米笋用沸水焯一下，捞起，沥干水分。

② 锅中注油烧热，放入蒜末爆香，再倒入玉米笋及芦笋段，烹入姜汁和料酒翻炒片刻，最后加入食盐、白糖及清水，烧开后勾芡即可。

火腿芦笋

材料

芦笋200克，熟火腿、口蘑、菜心各100克

调味料

葱末、姜末各5克，食盐、鸡精各3克，料酒3毫升，花生油适量

制作方法

① 将芦笋洗净，削去根部，切成段；火腿切成薄片；口蘑洗净，切成片；菜心洗净，对剖。

② 锅中注油烧热，放入葱末、姜末爆香，随后放入芦笋、火腿、口蘑、菜心炒熟，再加入食盐、鸡精、料酒调味，炒匀即可。

143

清炒红薯丝

材料

红薯200克

调味料

食盐3克，鸡精2克，葱花3克，花生油适量

制作方法

❶ 红薯去皮洗净，切丝备用。

❷ 净锅注油烧热，放入红薯丝炒至八成熟，再加入食盐、鸡精炒匀，待熟装盘，撒上葱花即可。

香脆双丝

材料

胡萝卜120克，素海蜇丝80克

调味料

食盐3克，味精5克，生抽、香油各8毫升，香菜5克

制作方法

❶ 素海蜇丝洗净；胡萝卜洗净，切成细丝；香菜洗净。

❷ 素海蜇丝、胡萝卜丝分别放入水中焯熟，捞出沥干水分，装盘。

❸ 将食盐、味精、生抽、香油调匀，淋在素海蜇丝、胡萝卜丝上，拌匀，撒上香菜即可。

清凉三丝

材料

芹菜丝、胡萝卜丝、大葱丝、胡萝卜片各50克

调味料

食盐、味精各3克，香油适量

制作方法

❶ 芹菜丝、胡萝卜丝、大葱丝、胡萝卜片分别入沸水锅中焯水后，捞出沥水。

❷ 将胡萝卜片摆在盘底，其他材料摆在胡萝卜片上，调入食盐、味精拌匀。

❸ 淋上香油即可。

凉拌三丝

材料

白萝卜、胡萝卜、青椒各100克

调味料

食盐3克，味精1克，白醋6毫升，生抽10毫升

制作方法

❶ 白萝卜、胡萝卜、青椒均洗净，切丝。

❷ 锅内注水烧沸，放入白萝卜丝、胡萝卜丝、青椒丝焯熟后，捞出沥干并放入盘中。

❸ 加入食盐、味精、白醋、生抽拌匀即可。

素炒三丝

材料

黄瓜、土豆各200克，青椒100克

调味料

食盐3克，花生油、鸡精各适量

制作方法

❶ 将黄瓜、土豆、青椒洗净，切丝。

❷ 热锅下油，放入土豆丝，炒至七成熟，再把黄瓜丝和青椒丝放入炒熟，最后调入食盐、鸡精炒匀即可。

泡萝卜条

材料

白萝卜、胡萝卜各300克，姜、蒜各10克，朝天椒20克

调味料

食盐8克，味精2克，白醋20毫升，白糖少许

制作方法

❶ 将白萝卜、胡萝卜洗净，去皮切条；姜洗净切片；蒜去皮洗净切粒；朝天椒去蒂洗净。

❷ 将切好的萝卜条放入碗中，加入姜片、蒜粒，调入食盐、味精、白醋、白糖拌匀。

❸ 将萝卜条和朝天椒放入钵内，加入凉开水至没过所有材料，密封腌制2天即可。

凉拌萝卜丝

材料

胡萝卜、白萝卜各200克，心里美萝卜100克

调味料

食盐3克，味精1克，白醋6毫升，生抽10毫升，香菜适量

制作方法

❶ 胡萝卜、白萝卜、心里美萝卜均洗净，切丝；香菜洗净备用。

❷ 锅内注水烧沸，放入胡萝卜丝、白萝卜丝、心里美萝卜丝焯熟后，捞起沥干，装入盘中。

❸ 加入食盐、味精、白醋、生抽拌匀，撒上香菜即可。

葡萄干土豆泥

材料

土豆200克，切碎的葡萄干1小匙

调味料

蜂蜜少许

制作方法

❶ 葡萄干放入温水中泡软后切碎。

❷ 土豆洗净后去皮，然后放入容器中上锅蒸熟，趁热做成土豆泥。

❸ 将土豆做成泥后与碎葡萄干一起放入锅内，加2小匙清水，放在火上用微火煮，熟时加入蜂蜜即可。

黄蘑炒土豆片

材料

土豆300克，黄蘑200克，青椒、红椒各100克，胡萝卜50克

调味料

食盐3克，鸡精2克，花生油、老抽、白醋各适量

制作方法

❶ 土豆去皮洗净，切片；黄蘑洗净备用；青椒、红椒均去蒂洗净，切片；胡萝卜去皮洗净，切片。

❷ 净锅注油烧热，放入土豆片炒至五成熟，放入黄蘑、青椒、红椒、胡萝卜一起炒，再加入食盐、鸡精、老抽、白醋调味，炒熟装盘即可。

尖椒土豆片

材料

土豆300克，青椒、红椒各50克

调味料

食盐3克，鸡精2克，花生油、老抽各适量

制作方法

❶ 土豆去皮洗净，切片；青椒、红椒均去蒂洗净，切片。

❷ 净锅注油烧热，放入土豆片翻炒片刻，再放入青椒、红椒一起炒，最后加入食盐、鸡精、老抽调味，炒熟装盘即可。

四季豆炒土豆

材料

土豆300克，四季豆200克

调味料

食盐3克，鸡精2克，蒜5克，花生油、老抽、白醋各适量

制作方法

❶ 土豆去皮洗净，切条；四季豆去头尾，切段；蒜去皮洗净，切片。

❷ 净锅注油烧热，放入蒜片爆香后，放入四季豆、土豆一起炒，再加入食盐、鸡精、老抽、白醋调味，炒熟装盘即可。

甜酸白萝卜条

材料

白萝卜300克，干红辣椒3个

调味料

白醋10毫升，白糖10克，食盐5克，味精适量

制作方法

❶ 白萝卜去皮，洗净，切成厚长条，加适量食盐腌渍半小时。

❷ 干红辣椒洗净，切丝。

❸ 用凉开水将腌好的萝卜条冲洗干净，沥干水，盛盘；将所有调味料一起放入萝卜条里拌匀，撒上干红辣椒丝，静置15分钟即可。

滑子菇土豆片

材料

土豆300克，滑子菇200克，青椒、红椒各50克

调味料

食盐3克，干红辣椒10克，鸡精2克，花生油、老抽、水淀粉各适量

制作方法

① 土豆去皮洗净，切片；青椒、红椒均去蒂洗净，切片；滑子菇、干红辣椒均洗净备用。

② 净锅注油烧热，入干红辣椒爆香后，放入土豆片炒至五成熟，再放入滑子菇、青椒、红椒一起炒，最后加入食盐、鸡精、老抽炒匀，待熟时用水淀粉勾芡，装盘即可。

土豆炒蒜薹

材料

土豆300克，蒜薹200克

调味料

食盐3克，鸡精2克，蒜5克，花生油、老抽、水淀粉各适量

制作方法

① 土豆去皮洗净，切条；蒜薹洗净，切段；蒜去皮洗净，切末。

② 净锅入水烧开，放入蒜薹焯水后，捞出沥干备用。

③ 锅下油烧热，入蒜末爆香后，放入土豆、蒜薹一起炒，再加入食盐、鸡精、老抽调味，待熟时用水淀粉勾芡装盘即可。

土豆丝炒粉条

材料

土豆、芹菜、粉丝、生猪肉各100克，红椒20克

调味料

食盐3克，鸡精2克，花生油适量

制作方法

❶ 土豆去皮洗净，切丝；芹菜洗净，切段；生猪肉洗净，切丝；红椒去蒂洗净；粉丝泡发洗净。

❷ 净锅注油烧热，放入生猪肉滑炒片刻，再入土豆、芹菜、红椒炒至八成熟，放入粉丝，最后加入食盐、鸡精调味，炒熟装盘即可。

泡椒藕

材料

莲藕400克，泡椒60克

调味料

食盐3克，白糖20克，生姜30克

制作方法

❶ 莲藕洗净，去皮，切薄片；生姜洗净，切片备用。

❷ 将藕片入开水中稍烫，捞出，沥干水分，放入容器，加生姜、泡椒、食盐、白糖搅拌均匀，腌渍好，装盘即可。

炒土豆

材料

土豆200克，青彩椒、红彩椒各40克，面粉20克

调味料

食盐、花生油各适量

制作方法

❶ 将土豆去皮洗净，切丝；青彩椒、红彩椒去蒂去籽，洗净切丝。

❷ 土豆用凉水洗去淀粉，拌入面粉，搅拌均匀后上笼蒸熟。

❸ 凉后配青椒丝、红椒丝一起放入油锅内翻炒，加入食盐调味炒熟即可。

柠檬藕片

材料

莲藕300克，红椒3克

调味料

柠檬汁适量

制作方法

❶ 莲藕去皮洗净，切片；红椒去蒂洗净，切丝。

❷ 净锅注水烧开，放入藕片焯水后，捞出沥干，装盘，淋上柠檬汁，用红椒丝点缀即可。

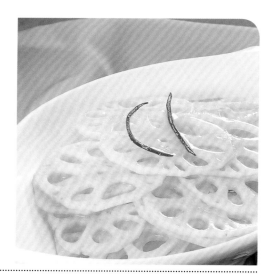

炝拌莲藕

材料

莲藕400克，青椒、红椒共50克

调味料

食盐4克，白糖20克，干红辣椒10克，香油适量

制作方法

❶ 莲藕洗净，去皮，切薄片；青椒、红椒洗净，斜切圈备用。

❷ 将准备好的原材料放入开水中稍烫，捞出，沥干水分，放入容器中。

❸ 在莲藕中加入食盐、白糖、干红辣椒，再将香油烧开后倒入其中，搅拌均匀，装盘即可。

芹菜土豆丝

材料

土豆300克，芹菜200克

调味料

食盐3克，鸡精2克，花生油、老抽、白醋各适量

制作方法

❶ 土豆去皮洗净，切丝；芹菜洗净，切段。

❷ 净锅注油烧热，放入土豆丝、芹菜炒至八成熟，加入食盐、鸡精、老抽、白醋调味，炒熟装盘即可。

橙汁浸莲藕

材料

莲藕400克，橙汁300克，枸杞子5克

调味料

白糖适量

制作方法

❶ 将莲藕去皮，洗净，切成薄片；枸杞子泡发。

❷ 将藕片装入碗中，撒上枸杞子，再淋上橙汁，撒上白糖即可。

芒果汁浸藕块

材料

莲藕300克，圣女果1个

调味料

芒果汁适量

制作方法

❶ 莲藕去皮洗净，切丁；圣女果洗净备用。

❷ 净锅注水烧开，放入藕丁焯水后，捞出沥干，装盘，淋上芒果汁，摆上圣女果作点缀即可。

干锅红薯片

材料

红薯500克，红椒20克

调味料

食盐3克，蒜苗5克，鸡精2克，老抽、花生油、红油、水淀粉各适量

制作方法

❶ 红薯去皮洗净，切片；红椒去蒂洗净，切圈；蒜苗洗净，切段。

❷ 净锅注油烧热，放入红薯滑炒片刻，加入食盐、鸡精、红椒、老抽、红油炒匀，快熟时，放入蒜苗略炒，再加适量水淀粉勾芡，盛入干锅用小火烧即可。

泡脆藕段

材料

莲藕1000克

调味料

片糖10克，老盐水1000毫升

制作方法

① 将莲藕段洗净，去皮，切去两头（切面不露孔，以保持原状）。

② 将莲藕用老盐水腌渍两天，捞出，沥干水分。

③ 将片糖放入坛内，加入藕段和适量盐水，盖上坛盖，泡制7天，切片食用即可。

甜豆炒莲藕

材料

莲藕200克，甜豆、鸡腿菇、滑子菇、腰果、花生、西芹、木耳各50克

调味料

食盐3克，味精2克，花生油适量

制作方法

① 将莲藕洗净切片，木耳洗净撕成小朵；西芹、鸡腿菇、滑子菇洗净切段。

② 将腰果、花生下入油锅中炸至香脆后捞出。

③ 油锅烧热，放入所有原材料炒至熟透，再加入食盐、味精调味即可。

田园小炒

材料

莲藕、胡萝卜各200克，甜豆、木耳各100克

调味料

生抽20毫升，食盐4克，味精2克，香油10毫升，花生油适量

制作方法

① 甜豆洗净，切长条；莲藕洗净，切薄片；木耳洗净，用水泡发；胡萝卜洗净，切小块。

② 净锅烧热注油，放进全部原材料、生抽一起滑炒，炒至熟时放入食盐、味精炒匀，淋上香油装盘即可。

红薯鸡腿汤

材料

红薯250克，洋葱半个，鸡腿1个

调味料

蒜末10克，番茄酱50克，月桂叶1片，胡椒粉3克，食盐5克，花生油、高汤各适量

制作方法

❶ 红薯洗净，去皮切块，泡一下水；洋葱切片；鸡腿洗净切块，加胡椒粉、食盐腌一下。

❷ 起锅，加油炒香蒜末、洋葱后放入鸡腿炒熟，再加入红薯翻炒几下，加入月桂叶、高汤、水、番茄酱，煮开后，转中火，续煮至水分减半，放入食盐及胡椒粉调味即可。

香辣藕条

材料

莲藕150克

调味料

干红辣椒25克，水淀粉35毫升，食盐、味精各4克，老抽10毫升，香菜5克，花生油适量

制作方法

❶ 莲藕去皮，洗净，切成小段，放入开水中烫熟，裹上水淀粉；干红辣椒洗净，切成小段；香菜洗净。

❷ 炒锅置于火上，注入花生油，用大火烧热，放入干红辣椒炒香，捞起待用。

❸ 锅中放入莲藕炸香，再放入食盐、老抽翻炒，最后加入味精调味后，起锅装盘，撒上干红辣椒、香菜即可。

果味玉米笋

材料

玉米笋8个，油菜8棵，玉米粒100克，枸杞子20克

调味料

香油、食盐各适量

制作方法

❶ 玉米笋去衣，切掉穗梗，洗净煮熟备用。

❷ 玉米粒和枸杞子、油菜洗净，油菜去叶，全部用沸水烫熟备用。

❸ 将玉米笋和玉米粒、枸杞子、油菜用香油、食盐过味，晾凉装盘摆好即可。

凉拌竹笋尖

材料

竹笋350克，红椒20克

调味料

食盐、味精各3克，白醋10毫升

制作方法

❶ 竹笋去皮，洗净，切片，入开水锅中焯水后，捞出，沥干水分装盘。

❷ 红椒洗净，切细丝。

❸ 将红椒丝、白醋、食盐、味精加入笋片中，拌匀即可。

炝莲藕

材料

莲藕200克，胡萝卜100克

调味料

食盐3克，干红辣椒、花椒各3克，姜5克，鸡精2克，花生油适量

制作方法

❶ 莲藕去皮洗净，切条；胡萝卜洗净，切条；姜去皮洗净，切细条；干红辣椒洗净，切段。

❷ 净锅注油烧热，放入花椒、姜、干红辣椒爆香后，放入莲藕、胡萝卜炒至八成熟，再加入食盐、鸡精炒匀，装盘即可。

手掐笋尖

材料

竹笋尖300克，青椒、红椒各30克，香菜10克

调味料

食盐3克，鸡精2克，白醋、香油各适量

制作方法

❶ 竹笋尖洗净，切丝；青椒、红椒均去蒂洗净，切丝；香菜洗净，切段。

❷ 净锅入水烧开，放入笋尖焯熟后，捞出沥干装盘，再在盘中放入青椒、红椒、香菜，加入食盐、鸡精、白醋、香油拌匀即可。

红椒拌笋尖

材料

竹笋尖400克，红椒10克

调味料

食盐3克，香油适量

制作方法

❶ 竹笋尖洗净，切片；红椒去蒂洗净，切圈。

❷ 净锅入水烧开，放入竹笋尖焯熟后，捞出沥干装盘，再加入食盐、香油、红椒拌匀即可。

芝麻红薯

材料

红薯500克，芝麻20克

调味料

白糖10克，冰糖20克，花生油适量

制作方法

❶ 芝麻炒香后盛出碾碎，冰糖砸碎，然后将芝麻和冰糖拌匀。

❷ 红薯去皮洗净，切成小块，放入锅里蒸熟，稍凉时压成薯泥。

❸ 锅中注油烧热，放入薯泥反复翻炒，炒干后调入白糖，再点入一些花生油，炒至红薯沙时撒上芝麻冰糖渣即成。

胭脂春笋尖

材料

春笋尖300克

调味料

食盐2克，味精2克，玫瑰醋5毫升，红油10毫升

制作方法

❶ 春笋尖洗净，切成丝。

❷ 锅内注水烧沸，放入春笋丝焯熟，捞起晾干后置于盘中。

❸ 加入食盐、味精、玫瑰醋、红油拌匀即可。

核桃仁拌芦笋

材料

芦笋100克，核桃仁50克，红椒10克

调味料

食盐3克，香油适量

制作方法

❶ 芦笋洗净，切段；红椒洗净，切片。

❷ 净锅入水烧开，放入芦笋、红椒焯熟，捞出沥干水分，盛入盘中，加食盐、香油、核桃仁一起拌匀即可。

清炒芦笋

材料

芦笋350克

调味料

食盐3克，鸡精2克，白醋5毫升，花生油适量

制作方法

❶ 将芦笋洗净，沥干水分。

❷ 炒锅加入适量油烧至七成热，放入芦笋翻炒，再放入适量白醋炒匀。

❸ 调入食盐和鸡精，炒入味后装盘即可。

香炒芦笋

材料

芦笋300克，胡萝卜20克

调味料

食盐3克，鸡精、花生油、水淀粉、白醋各适量

制作方法

❶ 将芦笋洗净，切成段，再切几片胡萝卜配颜色。

❷ 炒锅内放油，再放入白醋，加入笋段，不停地翻炒，再加胡萝卜片同炒，待笋段熟后，加入食盐、鸡精调味，最后以水淀粉勾芡即可。

炒芦笋

材料

芦笋200克，红椒20克

调味料

食盐3克，鸡精2克，花生油适量

制作方法

❶ 芦笋洗净，切段；红椒洗净，切片。

❷ 净锅入水烧开，放入芦笋焯烫片刻，捞出沥干水分备用。

❸ 锅中注油烧热，放入芦笋滑炒片刻，再放入红椒，加入食盐、鸡精调味，炒熟装盘即可。

什锦芦笋

材料

芦笋、冬瓜各200克，无花果、百合各100克

调味料

花生油、香油、食盐、味精各适量

制作方法

❶ 将芦笋洗净切斜段，倒入开水锅内焯熟，捞出控水备用。

❷ 鲜百合洗净掰成片，冬瓜洗净切片，无花果洗净。

❸ 油锅注油烧热，放入芦笋、冬瓜煸炒，再下入百合、无花果炒片刻，最后放入食盐、味精，淋香油装盘即可。

姜丝红薯

材料

红薯500克，姜丝适量

调味料

老抽5毫升，食盐、味精各5克，水淀粉10毫升，花生油适量

制作方法

❶ 红薯去皮，洗净切块；锅中油烧热，将红薯块投入油锅，炸至呈金黄色且外皮脆时捞出沥油。

❷ 锅留底油，先放入姜丝炝锅，再将红薯块倒进锅内，加适量清水，调入老抽、食盐、味精，焖至红薯入味，勾芡即可。

珊瑚雪莲

材料

白花藕200克，番茄20克

调味料

白糖、白醋各适量，食盐少许

制作方法

❶ 白花藕洗净切片。

❷ 在藕片中加入白糖、白醋、食盐，调好甜酸味后，腌渍30分钟，使甜酸味充分渗入藕片。

❸ 净腌渍好的藕片摆放于盘中，再将番茄洗净切丝，放入盘中作装饰，最后将腌渍后的余汁淋上即成。

芦笋百合

材料

鲜百合、芦笋各200克

调味料

食盐、鸡精各3克，胡椒粉2克

制作方法

❶ 芦笋洗净切段，倒入开水锅内焯一下，捞出控水；鲜百合掰成片洗净。

❷ 锅内注油烧热，放入百合煸炒，再放入芦笋翻炒片刻，最后加入食盐、鸡精、胡椒粉炒匀即可。

天目山笋尖

材料

竹笋500克，西芹、甜椒各50克

调味料

食盐4克，生抽8毫升，白醋10毫升

制作方法

❶ 竹笋洗净，斜切成段；西芹洗净，取茎切成段；甜椒洗净，切成块。

❷ 将竹笋、西芹、甜椒在开水中进行焯烫，捞出，放凉。

❸ 将竹笋、西芹、甜椒装盘，加入食盐、生抽、醋、香油拌匀即可。

爽口笋尖

材料

竹笋尖180克，青椒、红椒各适量

调味料

食盐3克，白醋10毫升，味精2克

制作方法

❶ 笋尖去除老皮，洗净，切成段，放入沸水中焯至八成熟，捞出，沥干水分；青椒、红椒洗净，去籽，切成小片。

❷ 将食盐、白醋、味精加清水调匀，放入笋尖腌4个小时，捞出，装盘。

❸ 撒上青椒片、红椒片即可。

拔丝红薯

材料

红薯400克，淀粉50克，鸡蛋1个，芝麻10克

调味料

白糖100克，巧克力粉5克

制作方法

❶ 红薯洗净，去皮，切滚刀块；淀粉、鸡蛋搅拌成糊，加入红薯拌匀。

❷ 净锅中注油加热，将红薯炸熟取出。

❸ 锅中加入白糖，倒少许水，熬成糊状至能拉成丝时，放入红薯翻炒，再加入芝麻，出锅时撒上巧克力粉即可。

板栗芦笋炒百合

材料

芦笋200克，板栗150克，百合100克，胡萝卜10克

调味料

食盐3克，鸡精2克，花生油、老抽、白醋、水淀粉各适量

制作方法

❶ 芦笋洗净，切段；板栗去壳，洗净备用；百合洗净，切片；胡萝卜去皮，洗净备用。

❷ 净锅入水烧开，放入芦笋、胡萝卜焯烫片刻，捞出沥干水分备用。

❸ 锅下油烧热，放入板栗、芦笋、百合滑炒至八成熟，加入食盐、鸡精、老抽、白醋炒匀，待熟时，用适量水淀粉勾芡装盘，加入胡萝卜片点缀即可。

清炒芦笋三丝

材料

芦笋200克，胡萝卜20克，香菇50克

调味料

食盐3克，鸡精2克，花生油、老抽、水淀粉各适量

制作方法

❶ 芦笋洗净，切段；胡萝卜去皮洗净，切丝；香菇洗净，切条状。

❷ 锅内注水烧开，放入芦笋焯烫片刻，捞出沥干备用。

❸ 锅下油烧热，放入芦笋、胡萝卜、香菇滑炒，加入食盐、鸡精、老抽炒至入味，待熟时，用水淀粉勾芡，装盘即可。